写给青少年的人工智能

起源

核桃编程 著

人 民 邮 电 出 版 社

北 京

图书在版编目（CIP）数据

写给青少年的人工智能 : 起源 / 核桃编程著. --
北京 : 人民邮电出版社, 2021.9
ISBN 978-7-115-56183-1

Ⅰ. ①写… Ⅱ. ①核… Ⅲ. ①人工智能－青少年读物
Ⅳ. ①TP18-49

中国版本图书馆CIP数据核字(2021)第051421号

内 容 提 要

这是一本写给青少年看的人工智能科普图书，目的是启蒙科学素养，开阔科学视野，培养科学思维，锻炼动手能力，让小读者们了解人工智能的过去、现在和未来，从而更好地融入人工智能时代。通过阅读本书，小读者们不仅会了解到“存在这样那样的人工智能”，还会一睹很多人工智能发展的过程和细节：科学家如何提出问题并想到绝妙的点子，技术如何从第一代逐渐演变到第 N 代，等等。所有这些都旨在激发孩子们的好奇心，帮助他们体会科学研究应具备的精神。

本书用了大量的形象比喻，用贴近生活的案例作类比，把书中的抽象概念和难点以诙谐幽默的手绘插画形式诠释出来，力求让小读者们喜欢读、读得懂。

本书从“什么是人工智能”讲起，沿着人类使用工具的历史，讲述了人类智能与人工智能的关系，原始工具到智能机器的演进，人工智能从史前时代发展到工业 4.0 时代过程中的重要事件、科学家及其发明创造的故事，堪称人工智能的“历史博物馆”。

◆ 著　　　　核桃编程
　责任编辑　吴晋瑜
　责任印制　王　郁　焦志炜
◆ 人民邮电出版社出版发行　　北京市丰台区成寿寺路 11 号
　邮编　100164　　电子邮件　315@ptpress.com.cn
　网址　https://www.ptpress.com.cn
　北京捷迅佳彩印刷有限公司印刷
◆ 开本：889×1194　1/20
　印张：6.4　　　　　　2021 年 9 月第 1 版
　字数：64 千字　　　　2024 年 10 月北京第 11 次印刷

定价：59.00 元

读者服务热线：(010) 81055410　印装质量热线：(010) 81055316
反盗版热线：(010) 81055315
广告经营许可证：京东市监广登字 20170147 号

参与本书编写的成员名单

内容总策划： 曾鹏轩　王宇航

执 行 主 编： 庄　森　丁倩玮　陈佳红　杨　威　孔熹峻

插　画　师： 闫佩瑶　林方彪　黄昱鑫　王晶宇

致小读者

小读者们，大家好！我是“核桃编程”的宇航老师。提到“人工智能”（AI），你会想到什么呢？是能听懂你说话的智能音箱语音助手，还是能打败围棋世界冠军的AlphaGo？是无人驾驶汽车，还是科幻电影里的超能机器人？相信你一定会浮想联翩，因为人工智能已经渗入我们生活、学习中的方方面面。

你一定很疑惑：这些各不相同的东西，为什么都叫作“人工智能”？本书——《写给青少年的人工智能　起源》会告诉你答案。本书从“什么是人工智能”讲起，沿着人类使用工具的历史，带你回顾人类有史以来的原始工具以及人工智能的开端——达特茅斯会议，并介绍近几十年来人工智能领域重要的发明创造。

那么，科学家们又是怎样研究出这些人工智能产品的呢？《写给青少年的人工智能　发展》一书会让你仿佛“进入”科学家的大脑，沿着他们研究问题的思路，去亲身经历人工智能发展的过程，并最终了解常用的几种研究人工智能的思路：让机器学会推理，让机器掌握知识，让机器学会预测，让机器学会学习，等等。读完这本书，你一定有一种恍然大悟的感觉：哇，原来科学家是这样想的啊！

经过几十年的努力，科学家们“八仙过海，各显神通”，研究出了各种各样的人工智能产品，将人工智能技术应用到了生活、娱乐、商业、科研、医疗、农业等领域。《写给青少年的人工智能　应用》一书会选取人工智能在各行各业典型而有趣的应用，让你了解现在的人工智能到底“智能”到了什么程度、“智能”体现在哪些方面。

到这里，你已经了解了人工智能的起源、发展和应用，有没有一种跃跃欲试想要参与其中的想法呢？别急，《写给青少年的人工智能 实践》一书会带你动手试一试，引导你尝试开发一些属于自己的人工智能程序，让你从实践中体会其中的奥妙。

最后，还要告诉你一件好玩儿的事。为了让小读者们读得懂、喜欢读，我们把人工智能科学中不好理解的名词和概念，尽可能地用形象的比喻或者贴近生活的类比加以解释，把抽象的知识点用风趣幽默的手绘插画加以诠释。插画中的这些角色可都是“核桃世界”的动漫明星噢，快去和他们打个招呼吧！

小读者们，希望你们能喜欢这套书，快翻开它，开启你的人工智能启蒙之旅吧！

核桃编程联合创始人 王宇航

目录 / CONTENTS

1 什么是人工智能

2 从原始工具到智能机器

3 人工智能的史前时代

人工智能的开端——达特茅斯会议

人工智能历史上的重要发明

什么是人工智能

那些千奇百怪的问题

桃子：我可以拥有像电影《超能陆战队》里面的大白那样的机器人朋友吗？

禾木：如果外星智慧生物入侵地球，人工智能会帮助人类渡过难关吗？

桃子：人工智能可以帮助人类战胜疾病，实现长生不老的梦想吗？

禾木：如果人工智能变得和人类一样聪明，那么机器人中也会出现像爱
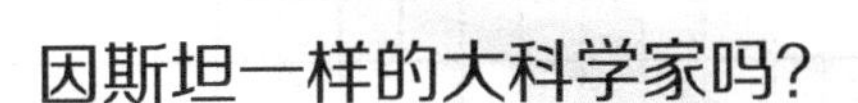
因斯坦一样的大科学家吗？

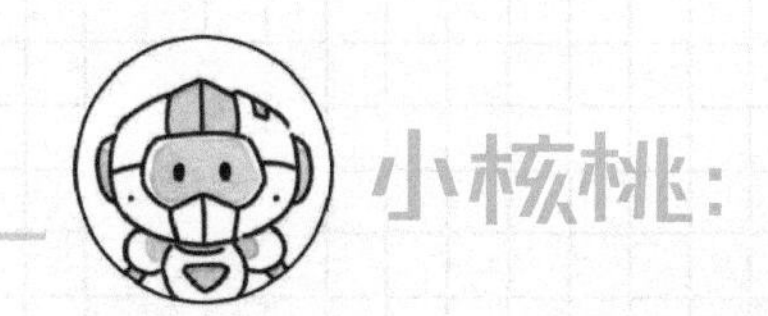

小核桃：

这些问题都和人工智能有关系，只是目前还没有确切的答案。电影《超能陆战队》里的大白是一个私人健康顾问，也是一个智能机器人。无论主人让大白做什么，只要能让主人开心起来，他就会去做，但是始终不会违反一条原则——不能伤害人类。大白之所以这么“暖”，是因为人工智能的本质就是很“暖”的，它可以帮助人们解决问题，让生活、学习、工作变得更容易。

科学家们已经在研究可穿戴的和可植入的人工智能设备。在未来，你可以购买可穿戴的机器人套装，让自己变得更强大。如果哪天碰上了外星智慧生物，你也丝毫不逊色于它们！人类自己演变成一种新的智慧形态，也不是完全没有可能噢！

众所周知，人类的很多疾病是由单个基因突变导致的，新型的基因疗法有望彻底治愈这些疾病，而人工智能可以帮助我们更快、更精准地理解特定基因的作用，从而快速找到治疗方法，大大延长人类的寿命。也许有一天，100岁的人只能算作“中年人”了。

再如，为了降低医护人员被感染的风险，有些医疗中心会使用机器人进行辅助治疗。机器人配有摄像头、麦克风和电子听诊器。医生在隔离病房外操控机器人，通过摄像头观察患者的病情和医疗设备的数据，通过电子听诊器监测患者的心跳和呼吸频率；当然，患者也可以通过麦克风和医生交流。

说到底，人工智能是用机器来模拟人的智能。要想了解人工智能，就得先了解人类智能。那么，什么是人类智能？人类智能又是从哪里来的呢？

人类智能从哪里来

早在46亿年前，地球刚刚形成，由于不断受到来自太空的彗星和陨石的撞击，地球表面的温度高达几千摄氏度，和现在太阳表面的温度差不多。地球大约用了1亿年的时间，才把它的表面温度降到适合生命体存活的度数。在远古时期，地球上没有什么生命体，可不像今天这样生机勃勃。后来，海洋中出现了核糖核酸（英文缩写为RNA）和蛋白质——它们组成了病毒这种最原始的生命体形态。病毒通常非常小，用电子显微镜放大几十万倍才看得到。病毒是由RNA和蛋白质外壳构成的，传染性很强的SARS病毒和新型冠状病毒就是这样的，如图1-1所示。再后来，脱氧核糖核酸（英文缩写为DNA）出现了。RNA的形状是单一链条，是单螺旋结构；而DNA的形状却是双链条，也就是经典的双螺旋结构，如图1-2所示。生命体的遗传信息都记录在DNA中，比如，你之所以和你的爸爸妈妈长得很像，那是因为你的DNA和你的爸爸妈妈的DNA有相似之处。

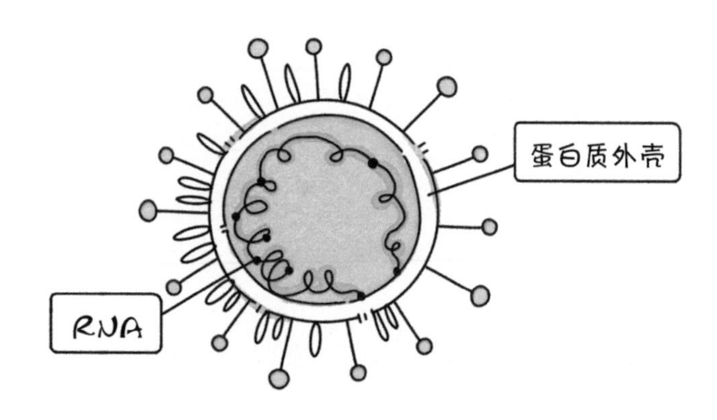

图1-1　由RNA和蛋白质外壳构成的病毒

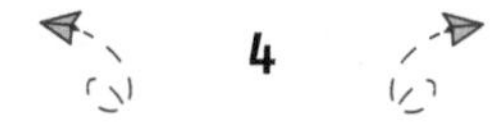

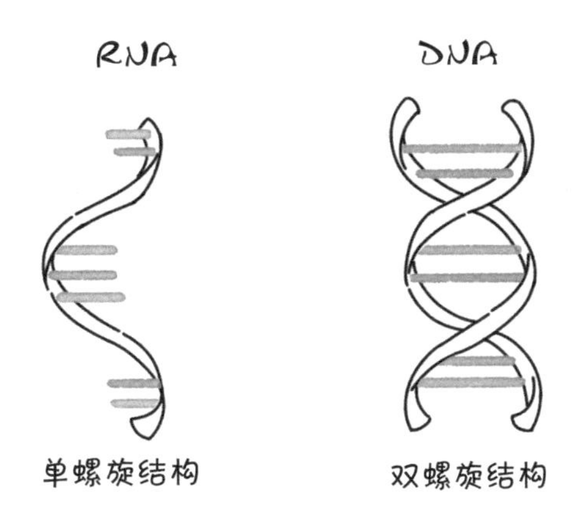

图1-2　RNA和DNA的形状对比

DNA与RNA和蛋白质共同组合，形成了地球初期的生命体。地球早期的生命体都生活在海洋中，这样可以避开陆地上的恶劣环境，比如强烈的紫外线照射。这些原始的生命形态后来进化成了像蓝藻那样的单细胞生物。藻类可以进行光合作用，释放大量氧气。在紫外线的照射下，地球上逐渐形成了臭氧层，大大减轻了紫外线对生物的危害。于是，水生生物终于有机会到陆地上生活了。这个时候，生命体还没有进化出神经细胞，更别提什么大脑了。

在地球生命体几十亿年的进化史中，有几件事特别重要，其中一件就是单细胞生物进化为多细胞生物。生命体内的细胞不再是孤军奋战，而是多个细胞互相分工合作。比如，有的细胞负责感知光线，有的细胞负责消化食物，有的细胞负责警戒危险。人就是一种多细胞生物，人类的大脑由超过1000亿个细胞构成。

有了多细胞生物，三叶虫这样的节肢动物才出现了。如今我们常吃的虾和螃蟹都是与三叶虫类似的节肢动物。功能相同的神经细胞集合成一种结节状结构，这就是神经节。又经过很长时间的进化，生命体背部的神经节逐渐形成了脊髓。人类后背上的脊椎里就包裹着脊髓。慢慢地，脊髓的顶端进化出了由几亿个神经细胞（也叫神经元）组成的大脑。至此，生命体进化出了脊椎动物，而且有了大脑。脊椎动物大致按照“鱼类→两栖动物→爬行动物→鸟类→哺乳动物”这样的顺序出现，而人类也是一种哺乳动物。生命体进化史如图1-3所示。

生命体在进化，其大脑也在不断进化。尤其是人类出现以后，大脑的记忆功能变得越来越强。人类在与周围环境的接触过程中，不断接受来自周围的各种感官刺激，使其大脑的各种功能（如观察能力、语言能力、推理能力）不断增强，因此脑容量也变得越来越大。不同生物大脑皮层神经元数量如图1-4所示。进化后的大脑反过来又使人类与周围环境更好地接触和互动，使人类能更好地适应环境，生存下来，并由此产生新的刺激，不断促使大脑进化。最后，大脑中由大量神经元组成的复杂网络互相交织在一起，才具备了产生高级智能的条件。

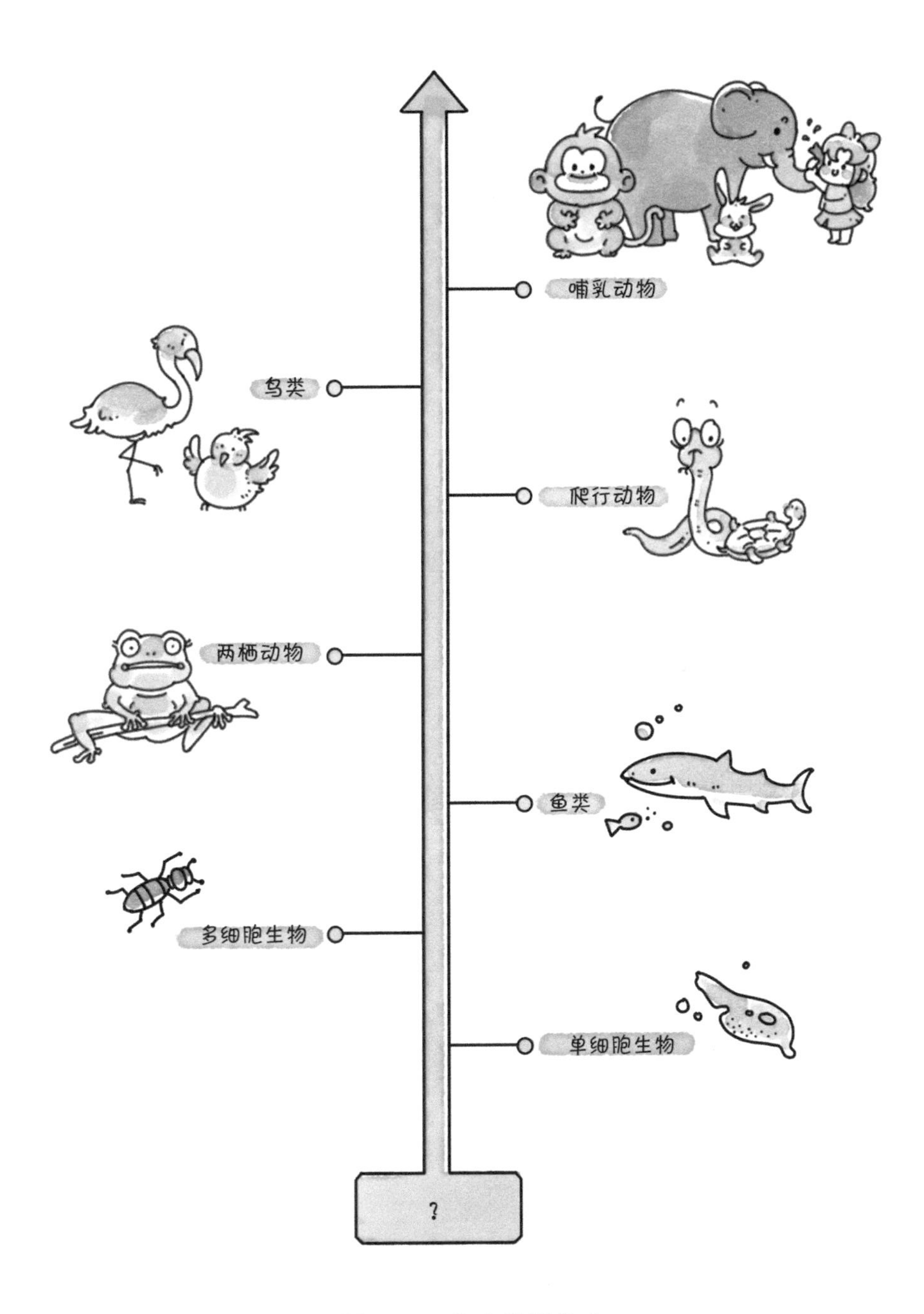

图1-3　生命体进化史

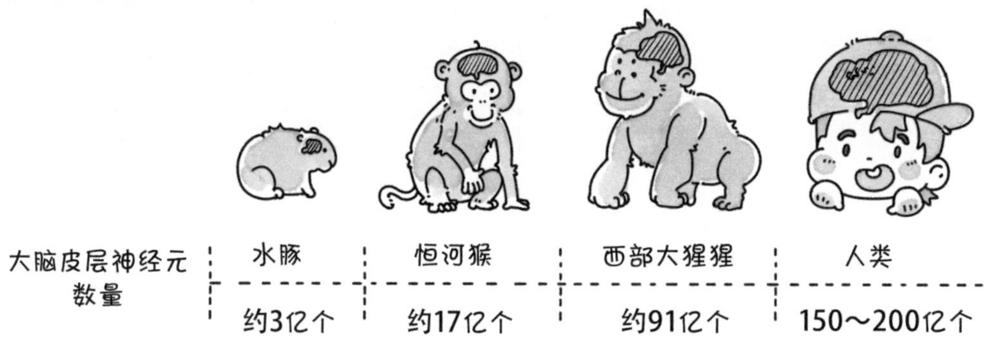

图1-4 不同生物大脑皮层神经元数量

人类智能究竟指什么

“给我一个支点，我就能撬起整个地球！”这是古希腊科学家阿基米德的一句名言，是对杠杆原理的生动描述。那你知道我国古代的秤和桔槔（一种原始的提水工具）吗？它们也是杠杆原理的应用。在漫长的历史进程中，人类逐渐意识到使用一些工具就可以撬起很重的东西，于是总结出了杠杆原理，并且用它解决了很多需要花大力气才能完成的任务。比如，我们用很小的力气压低买菜小车的手柄，就可以抬起车内很重的菜；再如，我们只要抬高开瓶器的手柄然后把它压下来，就可以轻松撬开瓶盖儿，如图1-5所示。这些都是人类使用杠杆原理解决问题的例子。简单来说，人类智能就是人类运用自己在生活中获得的经验和知识，通过学习和探索等方式，获取新知识（比如杠杆原理）并解决问题的能力和本领。

图1-5 利用杠杆原理轻松省力地抬起买菜小车里的菜和用开瓶器撬开瓶盖

现实中的人工智能

人类智能有很多种表现形式，除了前文提到的运用工具，还包括学习语言文字、进行数学运算、逻辑分析、创作音乐、认识自我、与人合作、感知空间，等等。现实中，一些人造的工具（既可能是机器，也可能是一个软件）可以模仿人类的一些智能活动，能让人类更快、更省力地做事，甚至代替人类做事，这样的工具就是人工智能，如图1-6所示。

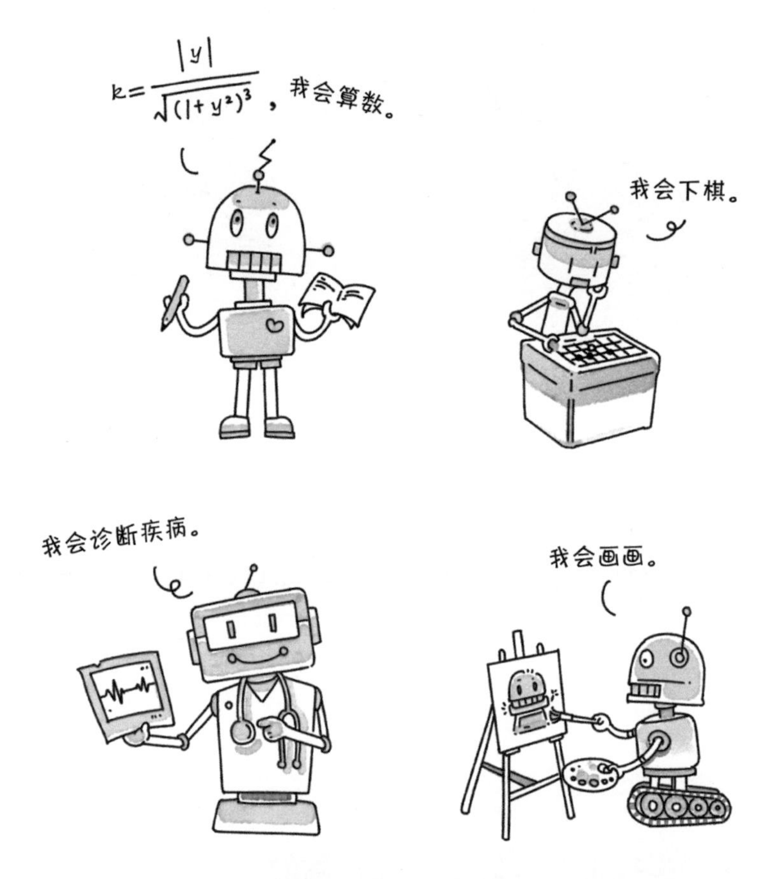

图 1-6　人工智能可以模仿人类的一些智能活动

这里，我们并不要求机器必须按照与人脑相同的工作方式来模仿人类的一些智能活动，只要机器最后表现得像人类那样有智能就可以！比如，以前我们用扫把扫地，现在可以用扫地机器人。只需设置好清洁模式，它就能规划行进路线，自动打扫，用最短的时间把地面打扫干净，如图1-7所示。如果电量不足了，它还能自己“跑”到充电器附近去充电。再如，智能电视机可以根据你平时看过的动画片自动推荐相似的动画片，满足你的个性化需求，省去你筛选动画片的时间。还有，智能洗衣机可以根据你“告诉”它所要清洗的衣物类型（比如毛衣、衬衣、羽绒服等），自动根据选择相应的洗衣模式，如图1-8所示。智能洗衣机甚至能自动对衣物进行称重，然后根据衣物的重量智能地投放合适剂量的洗衣液。这些电子设备都有一定的智能，而且它们又都是人造的，自然就叫“人工智能”啦！

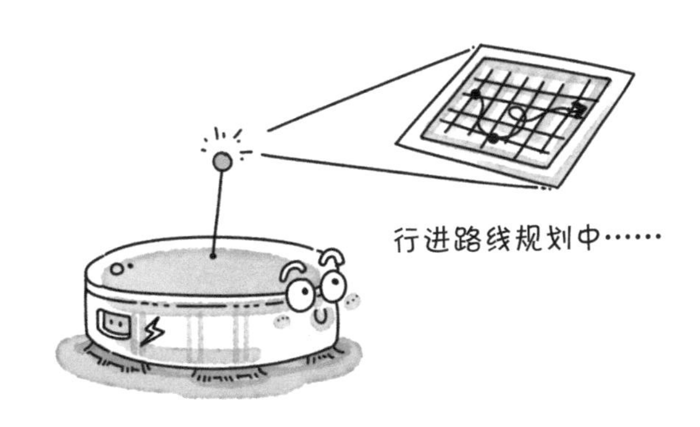

图1-7　扫地机器人可以自动规划行进路线

图1-8　智能洗衣机自动选择洗衣模式

人工智能很神奇吗

其实，人工智能并不是什么神奇的东西，它在我们的日常生活中随处可见，比如美颜相机、智能录音笔，等等。智能机器看上去很神奇，实际上拆开来看，它无非就是一堆电子元器件和机械零件。智能机器能走路是因为有轮子或者履带，智能机器能看到周围的情境是因为有摄像头和测距仪，智能机器能识别人的语音指令是因为有算法和编写好的程序，智能机器能感受到不同的材质、温度、重量是因为有各种传感器，如图1-9所示。人工智能就是由这些东西组成的吗？没错！这也体现出人工智能的特点：它既可能是实体的，也可能是电子的、没有外壳，只是一段程序，看不见、摸不着。通常，人们看不到人工智能里面的结构，想不通背后的原理，自然就觉得神奇。为什么没人觉得电灯很神奇呢？因为大家懂发光原理，电灯的内部结构也很简单，而且对于这种电学、物理学的知识，人类一百多年前就掌握了，自然不会觉得有什么神奇之处。比如，灯泡坏了，你可能知道哪里坏了、能不能修。但是下围棋的人工智能AlphaGo到底是怎样学习棋谱、怎样提高对弈水平的，大多数人并不知道。因为你还不了解机器是如何学习的，所以就觉得人工智能很神奇。开发出AlphaGo的科学家们自然不认为这有多神奇，因为他们掌握了机器学习的知识，亲自设计了人工智能程序，所以他们明白这台机器为什么可以战胜人类世界冠军。

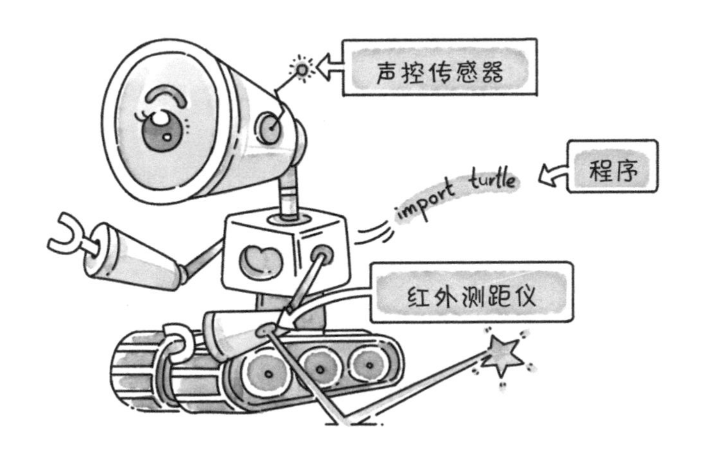

图1-9　由各种电子元器件和程序组成的智能机器

人工智能不限于机器人

不要一提到人工智能就只想到机器人。机器人只是人工智能的一种，人工智能有时候以人的样子呈现，有时候则不是，它甚至可能是一个软件或者一段程序。比如之前提到的智能电视机和智能洗衣机，虽然不是人的样子，但它们也是人工智能。再如，苹果手机的智能语音助手Siri，其背后的大量数据和语音识别算法也是人工智能，如图1-10所示。这些程序处理数据和运行程序的速度极快，让你觉得它好像具备了人的智能。Siri使用人类说话的声音，只是为了方便人类用最自然的方式（说话）与Siri交流——这是人工智能拟人化的体现，Siri本身并没有机器人身体。

图1-10　人工智能也可能只是一个软件或者一段程序

人工智能的分类

通常，我们按照人工智能的能力把它分为弱人工智能和强人工智能两大类。弱人工智能只擅长处理某个方面的任务。比如，IBM公司发明的人工智能“深蓝”擅长下国际象棋，可你要问它怎么从北京图书馆到故宫，它可能就不知道怎么回答了。目前，人类发明的人工智能都属于弱人工智能的范畴，它们在我们的生活中无处不在。另一类叫作强人工智能，也就是与人类智能水平相当甚至强于人类智能的人工智能，用一句话描述就是，人类能做的一些事情它能做，人类不能做的一些事情它也能做，如图1-11所示。可惜，创造强人工智能比创造弱人工智能要难得多，现在科学家还无法创造强人工智能。我们期待着未来有一天能实现强人工智能，进入一个完全不一样的世界。

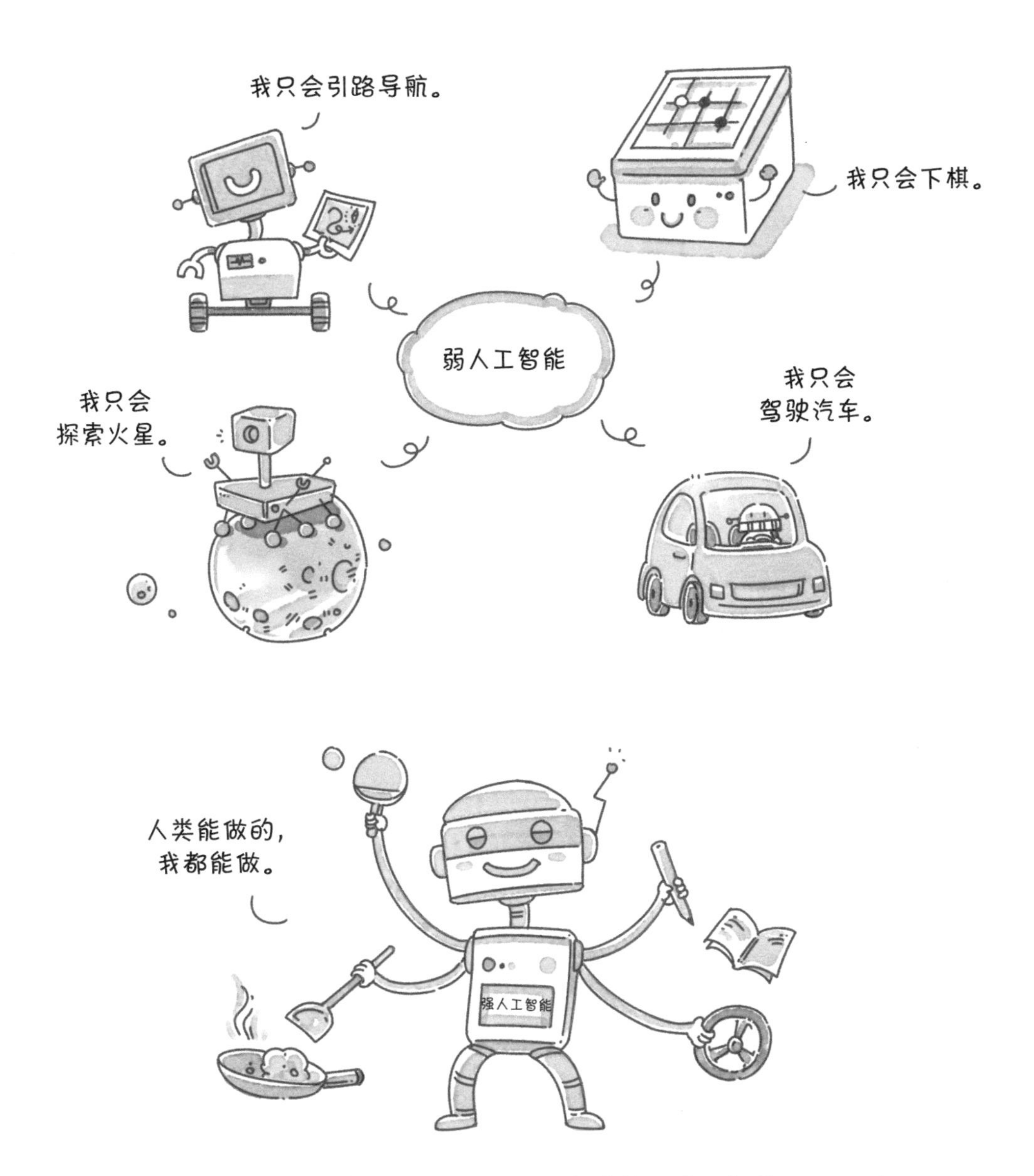

图1–11　跟人类智能水平相当的强人工智能

重点名词解释

人类智能： 人类运用自己在生活中获得的经验和知识，通过学习和探索等方式，获取新知识并解决问题的能力和本领。

人工智能： 一种人造的工具（既可能是机器，也可能是一段程序），可以模仿人类的一些智能活动，能帮助人类更快、更省力地做事，甚至代替人类做事。

弱人工智能： 只擅长处理某个方面的任务的人工智能。

强人工智能： 与人类智能水平相当的人工智能。人类能做的事情它都能做，人类不能做的一些事情它也能做。

从原始工具到智能机器

禾木： 小核桃，你能不能发明一种全能型家务机器人？这样所有的家务活可以让它做，爸爸妈妈就有更多的时间陪我聊天、做游戏啦！

小核桃： 我举双手赞成！机器能做的事就留给机器去做吧，我们要把时间花在更美好的事物上。像洗碗机、洗衣机，这些都是人类发明和制造的工具，能帮我们更快、更好地完成家务。人工智能也属于人类发明和制造出来的一种高级工具。相信在可以预见的将来，人类可以发明出集多种本领于一身的智能机器，比如全能型家务机器人。禾木，接下来我们去了解一下工具发展的历史，也许能够帮助你更好地理解今天的人工智能，更好地预见未来的人工智能。

人类为什么要制造工具

人类智能的发展主要体现在语言文字和工具制造上，前者代表智慧，后者代表能力——适应环境并努力改造环境的能力。生物原本只能依赖自身进化的各种条件来生存，比如，我们可以踮起脚尖儿、伸着手臂去够树上的果子，那么个子高的和手臂长的人更有优势。但自从学会使用身体之外的其他工具后，人类就摆脱了自身身体的局限，比如，我们可以借助梯子采摘位于更高处的果子，甚至用无人机采摘苹果，如图2-1所示。

图2-1　借助各种工具采摘位于更高处的果子

也就是说，工具成为生物身体的外延，扩展了生物的能力范围，从而替代或增强生物自身的能力。比如，开瓶器可以帮助我们轻松打开瓶盖；电子显微镜可以帮助我们看清微观世界里很小很小的东西；老花镜可以帮助老人看清近处的东西，如图2-2所示。现在，人类发明人工智能这种工具的目的是替代或增强人的脑力，比如，用计算机代替人脑运算，用下棋程序代替人类下棋。

图2-2　借助老花镜看清近处的东西

工具的创造过程大多是从无到有、从简陋到精细。很多工具在刚被创造出来时，并不是我们现在看到的样子，而是经历了漫长的发展过程，一步步演变成现在的样子。比如提到人类的照明工具，你可能马上就想到爱迪生发明的电灯，但是你可能不知道，照明工具的发展经历了很长的过程，不同的照明工具陪伴不同时代的人们度过了数千年的漫漫长夜。火是人类照明工具的起源。原始人学会了钻木取火之后，发明了火把。它为人类驱走了黑暗，带来了光明。之后出现的有油灯、蜡烛、煤油灯、白炽灯和LED灯等，如图2-3所示。

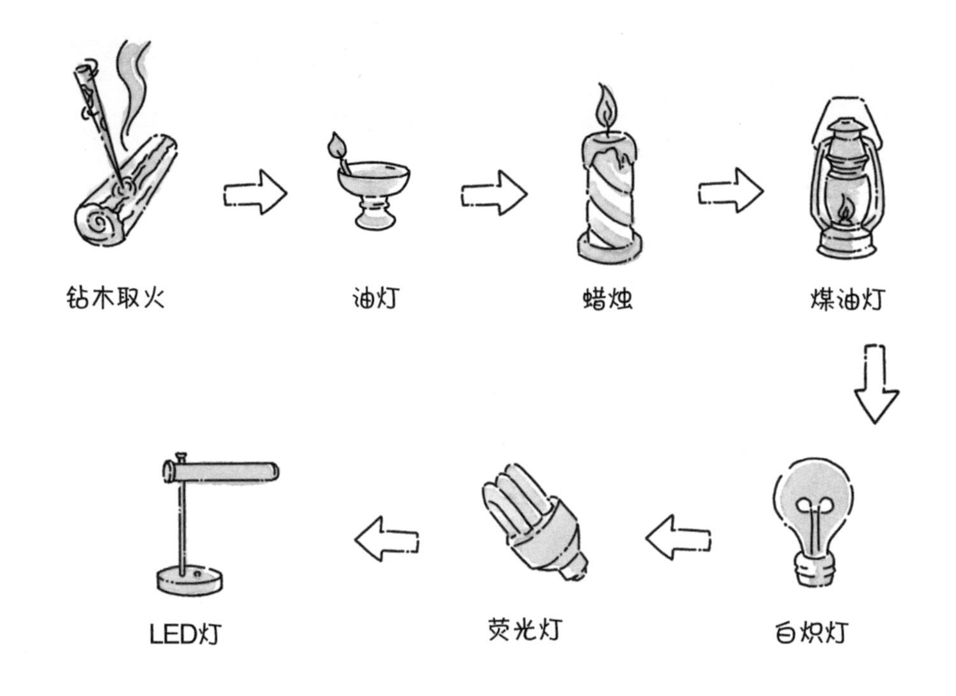

图2-3　照明工具的进化史

石器时代的原始工具

众所周知，诸如小到水果刀、大到卫星发射器之类的工具，很多都是用金属制成的。但在学会使用金属之前，人类是用石头来制作工具的。之所以选中石头，主要是因为它质地坚硬，而且在自然界中随处可见，便于就近取材。在旧石器时代，原始人会捡拾石头，将它打制成合适的工具。

慢慢地，原始人逐渐意识到猎取肉食对自身发展的重要性——肉食含有人体新陈代谢所必需的很多重要物质。人们要打猎，就必须有合适的武器。较大的石器长不过一尺，用于采集果实或者加工猎物没有问题，但是作为武器明显威力不够。相比之下，一个更好的选择是加工过的尖木棒，除了当作狩猎的武器，它还可以用来挖掘野生植物的块根。要制造木质工具，首先得有原料，这一点很容易满足。其次，制造木质工具必须有比木材更坚硬、更锋利的工具，也就是石器。在“新石器时代”，原始人学会了磨制石器，如图2-4所示。

图2-4　原始人学会了磨制石器

从石器到青铜器

无论是旧石器时代还是新石器时代，工具都“不好用”。石头不好加工成需要的形状，木头易碎、易腐朽，用坏了就得扔。在我国古代，到了商周时期，一种新的工具——青铜器出现了。它的出现标志着青铜器时代的到来。那么，什么是青铜呢？青铜是提炼得非常粗糙的铜。纯铜的颜色是紫红色的，里面的杂质多了，就变成了青灰色。纯铜的延展性非常好，但是不够坚硬。当时的人们制造工具时主要看中的是硬度，所以纯度不高、硬度够高的青铜得到了广泛使用。当然，那时人们的冶炼技术不高，无法提炼纯度更高的铜，这也是青铜器广为流传、盛行一时的原因。

这里要补充一点，青铜器是怎么来的呢？它可不是“摔”出来的，“摔”只适用于土块和石头，青铜器是提炼和铸造出来的。简单来说，就是把铜矿石收集起来，放到一个耐热的容器中——一般是很厚、很耐热的陶器；然后点火加热，使温度高到一定程度，让这些铜矿石熔化为液体；把熔化的铜液灌入不同的模具，待其冷却之后，就制造出各种各样的青铜器了，如图2-5所示。青铜器比石器好用多了。人们还可以将铜矿石加工成各种形状的工具，这些工具既坚硬又耐磨，而这也推动了人类社会的发展。

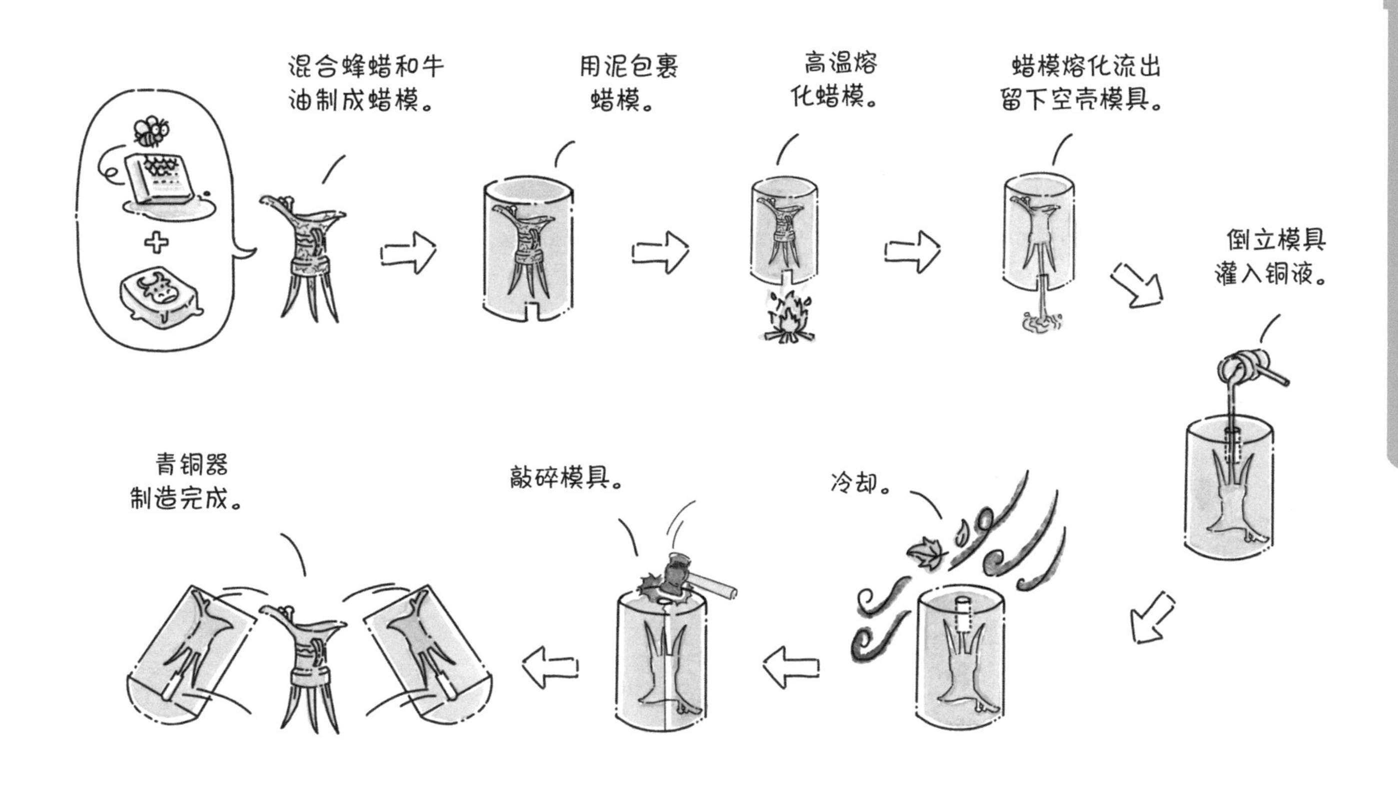

图2-5　青铜器的制造过程

更厉害的工具——铁器和火器

又经过1000多年的经验积累，人类逐渐掌握了炼铁的技术。铁的品质更优，成本更低。于是，青铜器遇上了有力的竞争对手——铁器，人类由此进入了铁器时代。铁器更锋利、更坚硬，还有韧性，不易折断。不得不说，与历史上出现的很多新科技类似，铁器的出现也促使人类的武器装备得到进一步的改进。你可能听说过“狼牙棒”，传说这种武器源自寺院。寺院大多建在山上，很久以前山上还有很多狼，时常闯入寺庙觅食。僧人为了应对狼群的侵袭，就在抵御时用铁棒子敲打狼的牙齿。后来，有人在铁棒上铸上狼牙一样的尖刺和倒钩，就成了一种打仗时极具杀伤力的兵器，即狼牙棒，如图2-6所示。

图2-6　铁质武器狼牙棒

在战争频发的年代，如何制造威力更大的军事装备是各方势力最关心的问题。你可能听说过中国古代的投石车，它是一种需要很多人驱动的车（也可以借助水力或风力来驱动），可以抛出很重的巨石。如果想投得更快、把石头投得更远，那么只能挑选一批身体更强壮、操作更熟练的战士，因为石头不能自己“飞起来”，如图2-7所示。如果石头能自己飞到敌人头顶上，那么当然是越大越好。这种看似不可能的魔法——能驱动物体快速飞行的力量，最早由中国人发现，它的奥秘就在于火药。约公元900年至1500年，这600年左右的时间是人类掌握火药能量的早期阶段，或者说是人类进入火器时代的早期阶段。

图2-7　投石车

“机器”概念的提出

至此，人类发明的“工具”都是为了降低工作难度或者节省力气。再后来，人们想发明一种能够代替人类劳动、“解放”人类的“高级”工具，这直接促成了人类历史上的三次工业革命。

18世纪60年代，西方进入了第一次工业革命时期。第一次工业革命的标志是蒸汽机的诞生。蒸汽机的工作原理是这样的：煤炭燃烧会产生大量的热量，这些热量被用来加热锅炉里的水；水被烧开后就会变成水蒸气，产生强大的压力，推动机械运转，如图2-8所示。也就是说，蒸汽机在本质上是把燃料产生的化学能转换为推动机器工作的机械能。人类进入蒸汽时代，动力来源就由原来的动物或者人变成了蒸汽机和煤炭。蒸汽机带来的改变是巨大的，比如，纱厂的纺车不再靠人去费劲儿地摇动，火车靠蒸汽机推动活塞带动车轮前行，轮船靠蒸汽机带动船桨在无风或逆风时航行。在这个时期，机器的概念逐渐形成：一种进行能量转换、对人类有用的，甚至可以代替人类劳动的高级工具。

图2-8 蒸汽机的工作原理

蒸汽与电力的较量

第二次工业革命的标志是电力的广泛使用，因此那个时代也叫作电气时代。蒸汽机虽然能够解决人类缺乏动力的问题，但是这种动力只能在当下使用，无法输送到千里之外，也不能存储起来以待后用。电的出现解决了这个问题。如图2-9所示，我们可以将本地发的电输送出去，点亮千里之外的灯泡，让远方千家万户的各种电器工作，比如洗衣机、吹风机、电扇、空调、电视机和手机，等等。在现代社会，高速铁路用的是电，做饭用的是电，照明用的是电，近几年日益普及的家用型纯电力汽车用的也是电。

图2-9　高压线将电力传输到各个地方

信息技术工具的诞生

第三次工业革命的标志是计算机和新型通信方式的出现，所以这个时代也叫作信息时代。人们把各种信息转换为电子数据，把需要做的事情编写为程序，让程序自动运行，进而完成那些复杂烦琐的、重复性的、易出错的事情。加上通信技术的发展，诸如光纤通信、移动通信、卫星通信、图像通信，等等，让计算机之间可以远距离通信和协作。第三次工业革命使用数字信号代替了之前使用的模拟信号，像视频、音频、文字、图像这些信息都可以转换成一串串由0和1组成的数字信号，被压缩到很小的空间并存储到电子设备里。比如，人类历史上的某类图书能被轻松地压缩存储到一个小小的U盘中，如图2-10所示。

图2-10　人类历史上的某类图书可以被存储到一个小小的U盘中

工业4.0时代的智能机器

现在，人类正面临第四次工业革命，这个时代也叫作工业4.0时代。在工业4.0时代，人类更着重于智能控制，也就是利用互联网和现代计算机技术来发展人工智能。换句话说，就是让机器能够自己进行深度思考，不需要人来管，若出了问题，则自己做决策，自己解决。比如，仓库机器人在搬运货物的时候，可以自动计算还能搬运多重、多大体积的货物，可以根据易燃品、易碎品等分类信息决定把哪些货物放到一起，如图2-11所示。

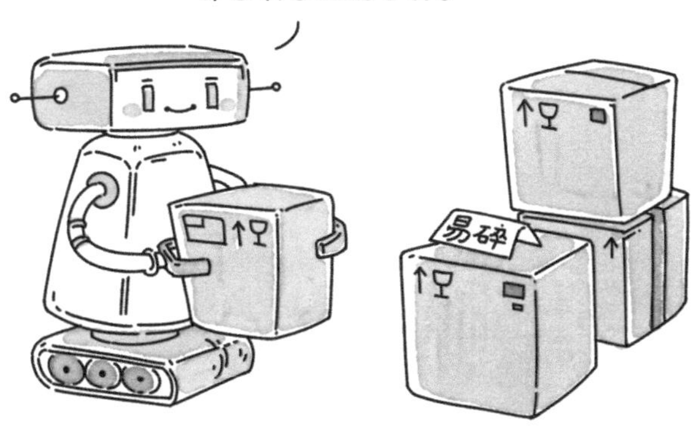

图2-11　仓库机器人根据货物的具体情况自动决定搬运方式

再举一个关于汽车的例子，在第三次工业革命时代，我们可以利用互联网技术随时随地使用网约车服务，只要提前设置好出发地点和目的地，司机就会驾车来接接你。车上会有自动导航系统，不仅可以根据我们输入的地点自动计算出最佳路径、行驶公里数和平均用时，还可以把实时车速和前方路况不断反馈给司机。这就够智能了吗？还远远不够。在工业4.0时代，更大的变化在等待着我们。比如，派出的汽车可能根本不是由人来驾驶的，而是自动驾驶的。由于不需要人来操作，就可以把位于车内和车外两侧的后视镜摘掉，改用确认汽车两侧和后方情况的摄像头，也就是所谓的无镜汽车。有了摄像头，我们就可以利用人工智能分析图像数据了，也就能根据想法将各种信息添加到视频或者图像上了。例如，通过人工智能判断周围的车辆是远还是近，自动调整车距和车速，自动变道等，如图2-12所示。

图2-12　无镜汽车通过各种摄像头和传感器实现智能驾驶

除了汽车的外形可能发生变化，其系统内部软件也会随之升级。就“拼车”服务来说，目前可以做到去往同一方向的人一起拼车，从而降低车费，还可以减少汽车行驶里程，缓解城市交通压力，达到以更少的车辆运送更多人的效果。未来的网约车服务必将运用更为复杂的人工智能技术，比如在成千上万的用户当中，人工智能要迅速找出谁将与谁共乘，以何种顺序接送，如图2-13所示。除了快速计算最佳路线，还要考虑拥堵情况，实时改变行车路线。以手动方式进行这种服务的优化是一项艰巨的任务，而使用人工智能可以更好、更快、更精准地完成这项任务。我们举这些例子，是为了让大家感受到人工智能的各种可能性，让大家明白智能机器完全可以融入我们的日常生活，成为我们的得力助手，更好地为我们服务。

图2-13　用人工智能提供更优质的拼车服务

总之，人类社会的发展与人类制造工具的历史密不可分。人类社会从旧石器时代、新石器时代、青铜器时代、铁器时代发展到火器时代、蒸汽时代、电气时代、信息时代，并逐步迈向人工智能时代，每一次进步都与工具的发明和制造紧密相关。相信在不久的将来，智能机器的发展也会对人类文明产生巨大的推动作用。

重点名词解释

工具： 作为生物身体的外延，扩展生物的能力范围，从而替代或增强生物的能力。

机器： 一种进行能量转换、对人有用的，甚至可以代替人类劳动的高级工具。

工业4.0时代： 在这个时代，机器能够自己进行深度思考，不需要人来管，若出了问题，机器能够自己做决策、自己解决。

人工智能的史前时代

禾木： 小核桃，人工智能究竟有多长的历史了？

小核桃： 禾木，“人工智能”这个词是于1956年才被发明的，1956年也因此被称为“人工智能元年”。其实，在这以前，人工智能已经存在了很久，只不过没有现在这么智能，也不叫这个名字。很多人会把人工智能的起源归于20世纪中叶的两位科学家：一位是艾伦·图灵（Alan Turing），他描绘了机器拥有智能的可能性；另一位是美国麻省理工学院的数学家诺伯特·维纳（Norbert Wiener），他提出了控制论思想。但是，人工智能和机器人的历史远远不止一个世纪，甚至可以追溯到数千年以前，从人类开始用机器模仿生物以及它们的一些智能行为开始。

接下来，就让我们一起“穿越”到人工智能的史前时代，回顾人工智能历史记录中那些不可思议的、妙趣横生的历程，认识那些通过奇思妙想创造历史的人。

自动机械的源头——亚历山大港的自动机器

公元1世纪，住在亚历山大港的古希腊著名数学家和工程师希罗（Heron）发明了一种叫作“汽转球”的蒸汽机。这是有文献记载以来的第一部蒸汽机。实际上，他还发明了很多自动机器，其中之一就是世界上第一部自动售卖机。当时，这台机器放在教堂里，用于售卖圣水。它的工作原理是：人们从自动售卖机顶部的入口处投入硬币，然后硬币落在托盘上，与托盘连着的杠杆被压动，触动阀门开启，圣水就会流出。

三国时期的木牛流马

据史书记载，在三国时期（220—280），我国著名政治家、军事家诸葛亮发明过一种工具——木牛流马，如图3-1所示。这种工具可以帮助士兵运输粮食，从而节省了不少人力。有人认为这是一种自动机械，比如《南齐书·祖冲之传》中就提到它可以自动行走——“不因风水，施机自运，不劳人力”。但是更多的证据表明，木牛流马很可能是特殊的独轮车或四轮车。可惜真实确凿的木牛流马没有流传下来。诸葛亮当时发明的木牛流马究竟是什么样子，它又是如何工作的，也就成了一个谜。

图3-1　木牛流马

唐朝的各种机器人

大家都知道唐朝（618—907）是一个繁荣昌盛的时代，素有“盛唐”之称。那个时候也出现了很多能工巧匠，他们制作了很多有趣的“机器人”。比如，传说洛州（今河南省洛阳市）有个名叫殷文亮的县令，他很喜欢喝酒，就是觉得每次倒酒太麻烦了，于是制作了一个会自动倒酒的木头机器人，如图3-2所示。他还给这个木头机器人穿上了绫罗绸缎，让“她”给客人倒酒。据说，这个机器人做得非常逼真，让很多人难辨真假。

图3-2　会自动倒酒的木头机器人

传说唐朝时期还有一位名叫杨务廉的工匠，他发明过一种设计得非常巧妙的乞讨机器人。如图3-3所示，乞讨机器人手捧着碗向路人乞讨，当有人往碗里放钱币后，它还能自动把钱币收起来，并鞠躬行礼，表示感谢。

图3-3　乞讨机器人

传说唐朝时，人们还发明过一种捕鱼机器人。这种机器人能在河中捕鱼，捕到鱼后还能自己浮出水面。你一定很好奇这是什么原理吧？原来，在这种机器人的口中不仅放有鱼饵，同时还有连接着机关的石头。人们把机器人沉入河中，一旦鱼吃了鱼饵，就会触发机关，鱼就会被机器人咬住，同时石头会从机器人的口中掉入水里，机器人也就咬着鱼浮到水面上了。据说这是最早的生产型机器人。

阿拉伯工匠打造的自动机械

12世纪后期，阿拉伯工匠制作了一个孔雀外形的喷泉洗手池。通过水流触发小机关，洗手池就会自动给使用者提供肥皂粉，还会递上毛巾，如图3-4所示。后来，这种以水力驱动的自动机械逐渐出现在富贵人家的住所里。到了16世纪80年代，这些以水力驱动的自动机械甚至还出现在了法国国王的皇家宫殿里以及文艺复兴早期的教堂和修道院中。

图3-4　以水力驱动的自动机械

最早的可编程装置

16世纪，欧洲工匠发明了梳齿滚筒。它的内部结构和八音盒很相似，就是一排连续的梳齿排列在一个圆筒上，圆筒上则按照规定好的位置和组合方式排列着一些孔——用来拨动梳齿。这有点儿像盲文书里凸起的点和纸，也有点儿像计算机二进制中的“0”和“1”，所以有人称它是最早的程序装置。大约在同一时期，由希腊语“拟人的”这个词衍生出一个用来描述仿真机器人的新词“android”，现在很多智能手机和平板电脑采用的安卓操作系统的名字就是这个词。

17世纪，梳齿滚筒成了自动机械的程序装置。1650年，德国博物学者展示过这类机械中的一个早期设计：一个自动风琴。这个自动风琴由一个梳齿滚筒“编程”，上面还有一个会跳舞的骨架（见图3-5）。这种梳齿滚筒催生了早期计算机运行中必不可少的打孔卡（见图3-6）。打孔卡可以被看作最古老的存储器：用一块纸板，在预先知道的位置上利用打孔和不打孔来表示信息，有点儿像我们用铅笔填涂的答题卡。今天的计算机芯片也使用了二进制原理，芯片中的每个计算单元只有两种状态，这和梳齿滚筒、打孔卡的有孔和无孔有点像，所以也可以说计算机芯片受到了梳齿滚筒的启发。

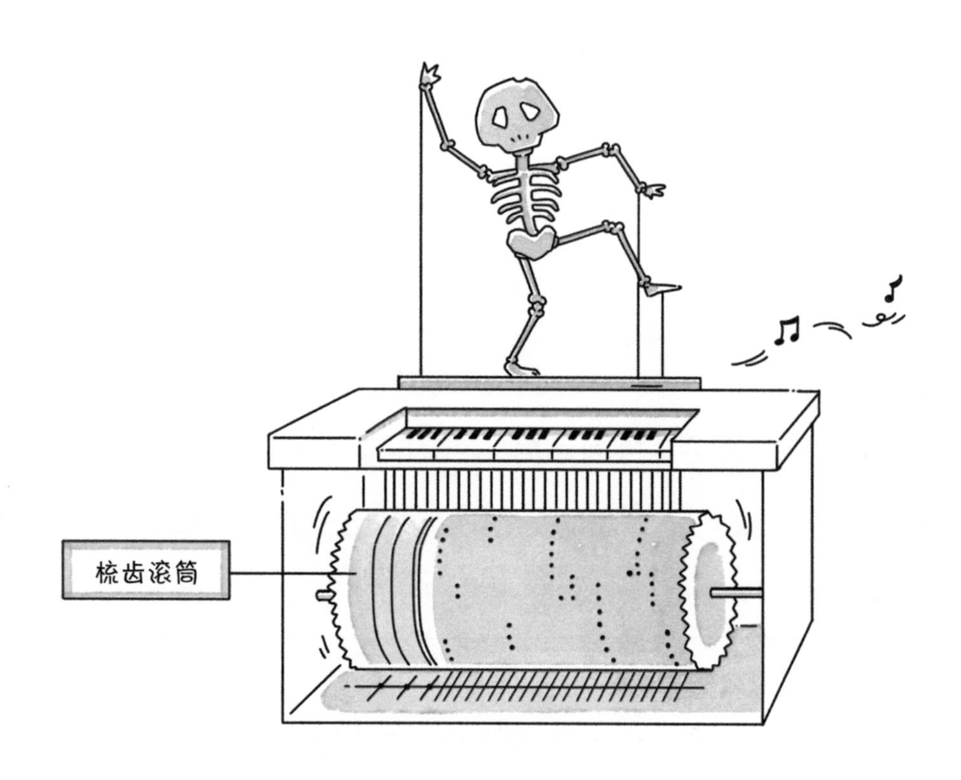

图3-5　梳齿滚筒

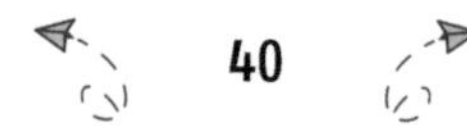

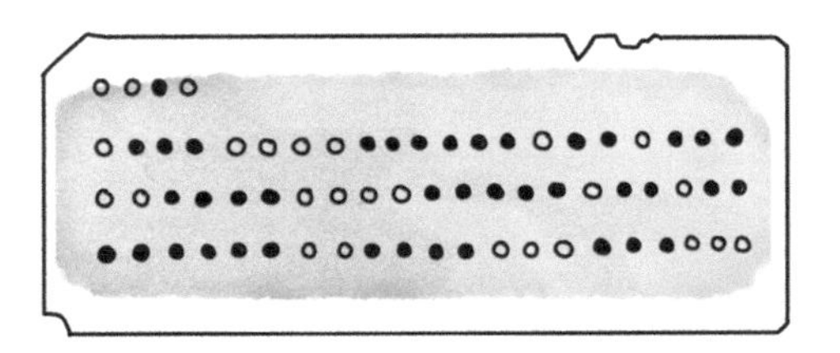

图3-6 打孔卡

代替人类工作的机器

从18世纪开始，人们借助梳齿滚筒制作出了更复杂、更精致的机器，用于替代人类工作。这种机器被称为模拟自动机。第一台模拟自动机是18世纪30年代由法国人雅克·沃坎森（Jacques Vaucanson）设计的“横笛手”。“横笛手”有着可以向四面伸缩的嘴唇和灵活的手指，其“肺部”的风箱可以提供3种吹奏力度。这是一个可以实实在在演奏乐器的机械乐手，他可以吹奏真正的横笛，你甚至可以拿自己的笛子给他吹奏。

沃坎森的另一件作品非常奇特，它可以像真鸭子那样扑打翅膀和蹦蹦跳跳，还能吞下一些玉米和谷子，之后以另一种形式“排泄”出来——这的确让人恶心，但也是最吸引人的部分。其实，这只是障眼法而已，被“吃掉”的玉米是被藏起来了，“排泄”出来的东西也是预先装好了的，如图3-7所示。

图3-7 早期的模拟自动机

18世纪的“Siri”

现如今，人们对苹果手机里自带的人工智能语音助理“Siri”并不陌生了——它利用自然语言处理技术让手机可以跟人对话。我们通过语音就能操控手机，比如查询天气和设置闹铃。“Siri”一词在挪威语中的意思是“带领你走向胜利的美丽女神”。其实，早在18世纪后期，人们就开始意识到生物的智能体现在对语言的使用上。于是，工程师们开始思考如何让机器也学会说话。1778年，一位名叫阿贝·米凯尔（Abbé Mical）的法国人制作出了一对会说话的人头木偶——它们的声门是用绷紧的薄膜制成的。木偶在对话中不断称赞当时的法国国王路易十六，比如一个木偶说“国王为欧洲带来和平”，另一个木偶说“和平以荣耀加冕吾王”，如图3-8所示。

图3-8　会说话的人头木偶

拿破仑时代的“AlphaGo”

除了使用语言，人类的智能还体现在会玩复杂的棋类游戏上，比如象棋。奥匈帝国发明家沃尔夫冈·冯·肯佩伦（Wolfgang von Kempelen）在1769年制作了一个会下象棋的自动机器，叫作“土耳其行棋人偶”。这个大小和真人差不多的自动机器曾长期在欧美巡回展出，直到1854年毁于一场火灾。据说它曾战胜过拿破仑。虽然土耳其行棋人偶在动作方面都是由机器完成的，比如它的手臂和头部能移动，但它其实根本不会下象棋，它的行棋步骤是由一些人类棋手躲在基座中完成的，如图3-9所示。后来肯佩伦本人也承认了这一点，并声称这件作品最大的成就是制造了一个迷人的幻象。即便如此，人们还是对它很着迷，因为土耳其行棋人偶让我们开始思考这样的问题：机器能像人一样进行推理吗？人类的思想在本质上是否也跟某种机器差不多？

图3-9　会下象棋的自动机器

计算机的雏形

19世纪初期，居住在法国里昂的织布机工匠约瑟夫·玛丽·雅卡尔（Joseph Marie Jacquard）受梳齿滚筒和打孔卡的启发发明了自动织布机。这种自动织布机用打孔纸带来控制升降纱线的机械装置，从而在绸布上编织出各种精美的花纹。打孔纸带上的孔洞可以根据花纹的图案提前设计好，织布机就会自动按照上面提供的“指令”执行，最终编织出想要的图案。孔洞就像提前编写好的计算机“程序”一样，而打孔纸带类似于存储器，布料上的花纹就相当于输出的数据。自动织布机算不上一台真正的计算机，但它的出现确实是现代计算机发展过程中重要的一步。

维多利亚时代的超前智能机器

1822年，英国数学家查尔斯·巴贝奇（Charles Babbage）以自动织布机为模型，设计出了第一台拥有计算功能的机器——差分机。它的工作原理很简单：通过差分原理，把很多复杂的数学运算问题转换为重复的加法，而加法运算和重复正是机械计算器的“拿手好戏”，这样一来，绝大部分数学运算就可以交给机器来做了，而且准确率更高。据说有一天，巴贝奇与著名天文学家约翰·赫舍尔（John Herschel）凑在一起研究天文数表，翻两页就发现了好几处错误。面对错误百出的数表，巴贝奇目瞪口呆，甚至喊出声来：“天哪，但愿老天知道，这些计算错误已经充斥了整个宇宙！”这件事也许就是他研制计算机的起因。

趣闻

巴贝奇是个大忙人，他的研究兴趣遍布各个领域：编写世界语辞典，测量哺乳动物的呼吸频率，以及深入研究运筹学、度量学、测量学、电动力学。他为火车的改进做过不少贡献，后来英国铁路公司为了纪念他，直接将火车头命名为“查尔斯·巴贝奇”。巴贝奇还为做眼科医生的朋友发明了检眼镜（也叫眼底镜），方便他查看视网膜血管和视神经。在此之前，医生只能用放大镜观察。可惜这位朋友没把巴贝奇的发明当回事，于是发明检眼镜这项成就归功到了后来的发明人头上。克里米亚战争期间，巴贝奇成功破解了两种经典的加密算法（维吉尼亚密码和自动密钥密码），只不过为保守军事机密没能公开，以至于这项成就又归功到了后来的破解者头上。

巴贝奇不但才华横溢，而且家境富裕。父亲去世后，他继承了10万英镑（约等于现在的1000万英镑）的遗产，是个名副其实的富豪。他从学校毕业后就定居伦敦，并在那里度过了一生。巴贝奇离世后，按照他的遗嘱，他的大脑被分成了两半，分别藏于英国的伦敦科学博物馆和皇家外科医学院的亨特博物馆。

为了纪念巴贝奇一生伟大的成就，后人将月球上的一座环形山命名为“巴贝奇”，美国明尼苏达大学设立了专门研究IT历史的查尔斯·巴贝奇机构，20世纪的一种电子计算机还提供了一种名为巴贝奇的编程语言。在英国，巴贝奇早已成为一种文化符号和民族骄傲。2015年，巴贝奇和差分机的图像还出现在英国的护照上。

第一个人形机器人——Elektro

1939年，在纽约世界博览会上，美国西屋（Westing house）电气公司推出了一款叫作Elektro的人形机器人，它高2.1米，重118千克。它的头和手是铝制的，其他部件则是拼凑出来的——熨斗的电源线、咖啡壶、华夫饼机、真空吸尘器的轮子等。当时，Elektro是这样做自我介绍的：“女士们、先生们，很高兴站在这里和大家讲我的故事。我比较聪明，因为我的脑袋比你们的都大，里面装有48个控制元件。”

据说，Elektro掌握的词汇多达700个，当时，制造Elektro的工程师试图通过制造声控机器人将科幻带进现实。虽然Elektro并不能真正理解操作员通过麦克风对它说的话，但是它能“听懂”按照英文音节精心安排的语音指令。当操作员用极其缓慢的语速发出特定的指令时，Elektro就能按照预先设定的方式回答问题或者做出相应的动作。

除了能说话，Elektro还能走路，只不过这更像是一种表演——左膝弯曲，右腿拖在后面，依靠轮子沿着轨道滑动，丝毫不涉及关节的机械运动。另外，西屋公司还给Elektro设计了一个小技能，那就是吹气球，如图3-10所示。当然，这需要先由工作人员把气球安装在Elektro的“嘴”上。Elektro经常参加吹气球比赛，但是有几个人能比得过安装了空气压缩机的机器人呢？

图3-10　人形机器人Elektro

我们在这里介绍Elektro，不是想展示它的技术有多先进——它与现在的智能机器人还相去甚远呢，而是想把它作为一个参照物，帮我们看清当下人工智能发展的方向。假如现在去创造一款Elektro，那它会是下面这个样子：采用语音识别、语音合成、图像识别等技术，让它真正和你交流；采用导航定位技术，让它能清楚定位自己的位置；采用舵机、电机和芯片，让它具有真正的运动能力，而不是只待在特定的轨道上。

尽管Elektro这样的发明会逐渐被人们遗忘，但总能让我们得到一些启发。我们不仅能从中了解技术演进的脉络，也能看到技术发展的趋势。

机器人三定律

随着机器人技术的发展，有些人认为它们会威胁到人类的未来，于是逐渐开始思考机器人的伦理问题。1942年，美国著名科幻作家艾萨克·阿西莫夫（Isaac Asimov）在他的代表作《我，机器人》中首次提出了机器人三定律，目的是保证机器人能和人类友好相处。真的可以吗？我们先来看看这3条定律都是什么吧，如图3-11所示。

1. 机器人不得伤害人类，也不得看到人类受伤而袖手旁观。

2. 机器人必须服从人类的命令，但命令与第一定律相违背时例外。

3. 机器人必须保护自己，但遇到与第一和第二定律相抵触的情况时例外。

图3-11 机器人三定律

首先，在阿西莫夫的设定里，机器人三定律要植入几乎所有机器人的脑袋，也就是它们的软件底层，这意味着机器人三定律是不可修改、不可忽视的规定，而绝不仅仅是“建议”或者“规章”。在真实世界中，这些显然不是什么物理定律，所以机器人并不一定遵守——至少现在是这样的。其次，正如阿西莫夫在许多小说里提到的，这3条定律中存在一些漏洞，导致在现实世界中不具备实用性。比如，这3条定律里对于什么是“人”、什么是“机器人”都没有清楚的定义；再说，如果机器人获取的信息不完整，它们可能在无意中打破定律；更何况，我们要怎么阻止一个智力超群的机器人自己偷偷把定律修改了呢？如此一看，机器人三定律好像不能彻底解决机器人对人类产生威胁的问题。

一晃近80年过去了，操控机器人的人工智能技术突飞猛进，阿西莫夫预想的高级人形机器人也许很快会成为现实。这些机器人的灵活自主程度足以让它们在很多复杂环境中做出最佳的选择，然而这还不是机器人学和人工智能工程的顶峰。在阿西莫夫预想的高级人形机器人出现之后，很快会出现超级AI，它们的智能水平甚至会超过人类。如何与未来的机器人相处，它们该遵守什么样的规则，这些都是人类在发展技术以外需要思考的问题。

麦卡洛克-皮茨模型

美国有一位神经科学家沃伦·麦卡洛克（Warren McCulloch），他一直对哲学非常感兴趣，希望知道“知道”本身意味着什么。你没有看错，他就是想知道人类是如何“知道”的这件事。麦卡洛克发现，大脑里的神经元可以接收和发送电子信号，从而帮助我们学习、阅读、写作、骑自行车、形成记忆，甚至产生情感。美国数学家沃尔特·皮茨（Walter Pitts）进一步将麦卡洛克的思想抽象成了数学模型，从而描述出了人脑神经元的工作方式，并且用环形的神经网络结构来描述大脑记忆的形成，这就是著名的麦卡洛克－皮茨（M－P）论文*ALogical Calculus of Ideas Immanent in Nervous Activity*所述的内容。

尽管这种模型中的神经元与真正的生物神经元相比简化了很多，但是这篇论文很快成为人工神经网络研究的基础，并在人工智能研究中有了很多应用。正像很多其他学科的研究一样，问题总是从哲学领域迁移到数学领域，再迁移到工程领域的。哲学领域的研究者提出有意义的问题，比如“人类是如何‘知道’的”。这些问题往往描述得很不精确，但如果我们能把重要的哲学问题——比如什么是智能、思考意味着什么——描述成足够准确的数学问题，那么接下来就可以构建数学模型，在此基础上做进一步研究，然后把它应用到真实世界的工程当中。麦卡洛克－皮茨模型就是这样的数学模型。

趣闻

1925年，皮茨出生于美国底特律的一户穷苦人家。他的父亲是一位性格暴躁的锅炉工，对孩子的教育漠不关心，只希望皮茨早点辍学好工作挣钱。为了避免挨揍，年少的皮茨常常躲在社区的图书馆，在那里，他自学了希腊语、拉丁语、数学和逻辑学。18岁时，皮茨认识了比他年长25岁的神经学家麦卡洛克。

麦卡洛克出生于美国东海岸的一个富裕家庭。在即将从哥伦比亚大学获得神经生理学医学学位时，他又对哲学产生了浓厚的兴趣，他一直想知道“知道”本身意味着什么。当麦卡洛克向皮茨阐释他的研究计划时，皮茨立即心领神会，并且知道应该运用哪些数学工具去实现。兴奋的麦卡洛克不仅邀请皮茨加入自己的研究——尝试用神经元构建一个数学模型，还让皮茨搬到自己在芝加哥郊区的家里居住。

博弈论之父——冯·诺依曼

1944年，美国数学家、计算机科学家、物理学家冯·诺依曼（von Neumann）与美国经济学家奥斯卡·摩根斯坦（Osk ar Morgenstern）合著了一本叫作《博弈论与经济行为》的书。这标志着博弈论的初步形成，而早期的人工智能程序主要受到了博弈论的启发。

什么是博弈呢？准确来说，就是在多决策主体的行为具有相互作用时，各主体根据所掌握信息及对自身能力的认知，做出有利于自己的决策的一种行为。举个例子，你和小明用“石头剪刀布”三局两胜的方式来决定苹果给谁，前两局打了个平手。到了第三局一决胜负时，你发现小明还没有出过石头，所以你猜他可能这次会出石头，如果真是这样的话，你出布就能赢他。这时候，小明也知道自己前两次出过剪刀和布，猜到你会认为他这次会出石头，所以你会选择出布，那么自己最好出剪刀而不是石头。是不是感觉有点儿“烧脑”？这就是一种博弈，游戏双方不断猜测对方会出什么，从而判断自己出什么可能会赢。图3-12所示的是会玩“石头剪刀布”的机器人。

图3-12 会玩“石头剪刀布”的机器人

冯·诺依曼也被后人誉为“计算机之父”，因为他首先提出了计算机应该由五部分组成，即类似人脑的运算器和控制器、负责记忆的存储器、类似耳朵的输入设备以及类似嘴巴的输出设备。这在我们现在看来是很容易想到的事，但是在当时那个年代，人们根本没见过计算机，甚至连名字都没听说过呢！

趣闻

冯·诺依曼可以算作“天才中的天才”，他从小就以过人的智力与记忆力而闻名。有一次，冯·诺依曼与数学家恩里科·费米（Enrico Fermi）、物理学家理查德·菲利普斯·费曼（Richard Philips Feynman）在办公室一起讨论数学问题，他们每隔几分钟就会暂停讨论并开始一轮计算。费米使用计算尺，费曼使用手摇式计算机，而冯·诺依曼只凭心算。冯·诺依曼几乎能在相近的时间内得到与其他二人相似的计算结果。

维纳和他的控制论思想

1948年，控制论的创始人，美国数学家诺伯特·维纳（Norbert Wiener）利用第二次世界大战的防空系统进行实验，通过对雷达图像进行解释来预测敌机的航向。在实验过程中，他对“什么样的机器可以算作有智能的”给出了独到的解释：如果一台机器能够按照我们设定的目的不断调整自己，逐渐接近我们能接受的目标范围，那么它就是智能的。比如，给机器人设定一个目标——走出迷宫，让它在迷宫中不断尝试并调整路线，如果它最后走出了迷宫，那么在维纳看来，这个机器人就是智能的。

可是，机器如何根据目标来调整自己呢？维纳又进一步提出了控制论思想：一台机器是否智能，取决于它能否像生物那样通过反馈来控制自己。什么是反馈呢？举个例子，当你打开水龙头准备洗澡时，你会先用手背试试水温，如果觉得水太凉了，就调节水龙头，让水温升高些；如果觉得水太烫了，就反向调节水龙头，让水温降低些，直到水温适宜为止。这种方式叫作负反馈调节，这里的“负”表达的意思是“抑制或者减弱最初的变化带来的影响”。

维纳特别强调了负反馈调节能起到很好的调节作用。日常生活中还有很多用到负反馈调节的场景，比如在家里小心翼翼地端汤时，碗向左边倾斜，汤要洒出来的时候，你需要把碗端平，不让汤晃出来；骑自行车时，车身向左倾斜的时候，你需要调节车把向左，让车身恢复平衡。从希腊文中的“舵手”一词得到灵感，维纳把这套思想命名为控制论。机器也可以用类似的方式调节自己的行动，完成骑车、端汤等智能的行为，如图 3-13 所示。

图 3-13　负反馈调节

维纳的控制论对人工智能和控制系统的研究产生了重大影响。就机器来说，各种传感器就是它的眼睛、耳朵等感觉器官，而识别算法就是它的大脑。智能机器通过传感器从外界获取信息，再将信息反馈到自己的“大脑”，进而能够不断控制自己的行动，实现最终的目标。

机器人的相关研究大部分可以归于控制论与控制工程的范畴。因为机器人本身结合了机械、电子、计算机、自动化等多个学科的知识，涉及整体的运动控制与协调，所以维纳也被认为是人工智能领域行为主义学派的奠基人。同时，维纳的控制论思想对后来的人工智能神经网络的发展产生了深远的影响，比如反向传播等技术的发明。

计算机科学和人工智能之父——图灵

早在1941年，英国著名的数学家和计算机科学家图灵就开始了机器智能和机器学习方面的研究。在第二次世界大战期间，图灵协助英国军方破译了德国著名的密码系统，挽救了无数生命。

1950年，图灵在哲学期刊*Mind*上发表了一篇名为《计算机器与智能》的论文，首次提到如何判断一台机器能否思考。图灵认为，如果机器表现得像一个人，它就有了与人类同等的智能水平。具体来说，就是让人类评判者通过打字与两个“人”聊天——一个是机器人，另一个是真人，然后判断哪个是机器人。如果最终这个机器人能骗过很多位评判者，有30%以上的人都以为它是那个真人，就认为它通过了“图灵测试”，具备了像人一样思考的能力。可以看到，图灵测试的核心并不是“机器能否和人对话”，而是“机器能否在智力行为上表现得和人无法区分”。说白了，这就是个机器模仿人类的“模仿游戏”，如图3-14所示。不是说“思考”无法定义吗？没关系，我们不去纠结哲学问题，也不用关心机器内部如何思考，而去制订一个可操作的标准，只通过机器表现出来的行为进行判断。如果这台机器“表现得”和一个会思考的人没啥区别，那么我们就认为它是会“思考”的。

图3-14 “模仿游戏”

为了纪念图灵的伟大贡献，英国决定在2021年发行的50英镑纸币上印上图灵的头像。之前，只有像艾萨克·牛顿（Isaac Newton）、查尔斯·罗伯特·达尔文（Charles Robert Darwin）这样的科学家才享有这种荣誉。钞票的右下角还会印上图灵在1949年6月11日接受英国《泰晤士报》采访时形容人工智能的经典语录:“这不过是对未来无限可能的一个预示，也仅仅是一个先兆。”

趣闻

图灵擅长长跑，而且是那种能在马拉松锦标赛上拿奖的水平。他为人很低调，有一次，别人请他出席学术会议，可当时因为战乱导致交通不便，派去接他的车无法顺利抵达。结果，图灵自己跑了十几千米去参加会议。

脑外科医生对人工智能的反思

图灵曾预言“机器也许有一天能够像人类一样思考”，这种观点在当时激起了很多人的强烈反对。其实，这种观点至今都是很有争议性的话题。知名脑外科医生杰弗里·杰斐逊爵士（Sir Geoffrey Jefferson）在1949 年发表了名为“机器人的思维”的演说，其中提到了这样的观点:“除非机器能够凭借思想和情感写出一首十四行诗，或者创作出一部协奏曲，而且这些作品都不是符号的随意拼凑，否则我们是不会承认机器可以等同于人脑的。”

杰斐逊爵士还说了一段激昂的排比句:“任何机器都无法对成功感到喜悦，对电子管故障感到悲伤，对赞美感到温暖，对错误感到沮丧，对美丽感到着迷，对失去心爱之物感到痛苦。”作为回应，图灵向《泰晤士报》的记者说道:“这种比较也许有失公平，因为由一台机器写成的十四行诗，其他机器大概会比我们更能欣赏。”这个回应似乎有些无礼，但同时也是耐人寻味的。同样，机器人画的画，也许其他机器人觉得很美，可人类却完全欣赏不了，如图3-15所示。

图3-15　机器人的审美

世界上第一对三轮机器人

第二次世界大战期间，各个领域的科学家聚集到一起，当然也包括新兴的计算机和神经科学领域的科学家。图灵和神经科学家威廉·格雷·沃尔特（William Grey Walter）就在智能机器方面碰撞出了火花。他们在著名的Ratio俱乐部交流了自己的想法。1950年，沃尔特做出了世界上第一对三轮机器人，并将它们分别命名为“Elsie”和“Elmer”。这对三轮机器人形似乌龟，配备了光敏元件、标志灯、触摸传感器、推进电动机、转向电动机和保护壳，可以自动探测周围的环境。在沃尔特所著的《活着的大脑》一书里，他回忆了一段有趣的经历：一位年长的女士认为这对自主漫游的机器人在追逐她，于是逃上楼将自己锁在卧室。后来，在技术人员的帮助下，这对三轮机器人的原型得到了很多重大改进，其中包括当电池电量即将耗尽时，机器人会转身向光源前进。今天，虽然人们几乎遗忘了沃尔特的乌龟机器人，但不可否认，它们是早期自动机器人的典范，能够通过自己的行为以试错的方式进行学习。

世界上第一个自动执行特定任务的机器人——机器松鼠

1951年，美国计算机科学家兼人气作家埃德蒙·伯克利（Edmund Berkeley）发明了机器松鼠Squee，如图3-16所示。它由4个感觉器官（两个光电传感器和两个接触传感器）、3个运动器官（一个推进电动机、一个转向电动机和一个负责张开和合拢机械手臂的电动机），以及一个很小的控制中心“大脑”组成。它可以收集“松果”，这里的“松果”指的是网球。在Squee表演时，由一位观众拿着手电筒照其中一个网球，Squee看到光线后就会靠近它，并用“双手”把“松果”捡起来。之后它就朝着“巢穴”前行，“巢穴”是用另一束上下不停跳动的光线表示的。抵达“巢穴”后，机器松鼠会把“松果”丢下，然后扭头去寻找更多的“松果”。

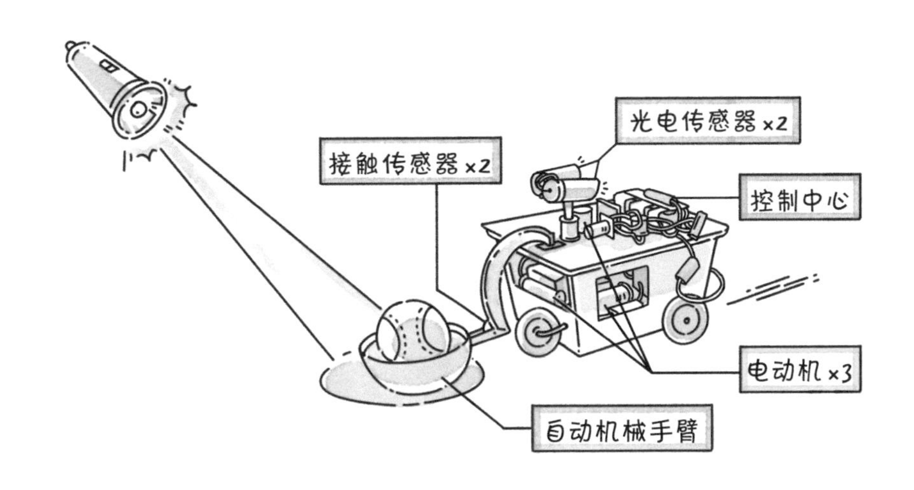

图3-16　收集网球的机器松鼠Squee

不同于机械地重复同一个动作的机器人，Squee能感知环境，而且可以执行预先设定好的任务。机械松鼠的可靠度被评定为 75%，但是它只在光线很暗的房间内才能良好运行。伯克利发明的机器松鼠Squee至今仍保存在美国加利福尼亚州的计算机历史博物馆里。

世界上第一个人工智能程序

1955年，美国著名学者艾伦 · 纽厄尔（Allen Newell）和赫伯特 · 亚历山大 · 西蒙（Herbert Alexander Simon）开始研究如何让机器学会思考。他们编写了一个计算机程序，将其命名为“逻辑理论家”。这个计算机程序可以像一位才华横溢的数学家那样自动证明数学定理（比如勾股定理），如图3–17所示。当时，人们还不清楚什么是人工智能，甚至尚未发明出“人工智能”这个词。这个计算机程序展现出的是一种模仿人类解决复杂问题的能力，因此被称为“第一个人工智能程序”。

图3–17　计算机程序自动证明勾股定理

人工智能的开端——达特茅斯会议

桃子： 小核桃，科学家们聚在一起的时候都干些什么呢？

小核桃： 他们会一起交流学术问题啦，遇到想法不同的地方，也会展开探讨、辩论，甚至还可能激烈地争吵呢。很多新的科学思想、新的科学方向就是这样“吵”出来的，比如60多年前那次著名的聚会——达特茅斯会议，被认为是人工智能历史上最重要的一次会议。

达特茅斯会议是什么样的会议

1956年8月，在美国汉诺斯小镇宁静的达特茅斯学院，如图4-1所示，聚集了一大群顶尖的科学家。约翰·麦卡锡（John McCarthy，LISP编程语言发明者）、马文·明斯基（Marvin Minsky，人工智能与认知学专家）、克劳德·香农（Claude Shannon，信息论的创始人）、艾伦·纽厄尔（计算机科学家）、赫伯特·亚历山大·西蒙（中文名为“司马贺”，诺贝尔经济学奖得主）以及奥利弗·塞弗里奇（Oliver Selfridge，模式识别的奠基人）也在其中，如图4-2所示。这些人聚在一起在干什么呢？原来他们在讨论一个全新而有趣的科学主题——用机器来模仿人类的学习，以及人类其他方面的智能。

图4-1　达特茅斯学院

图4-2　参会的6位知名科学家

参加这次会议的科学家有多厉害

达特茅斯会议之所以在历史上如此出名，是因为参加这次会议的科学家都非常厉害，他们后来都成了人工智能相关研究领域的开创者。我们来看看究竟有哪些“大牛级”的科学家吧。

约翰·麦卡锡

第一位是约翰·麦卡锡，这次会议就是由他组织和发起的，当时他还只是达特茅斯学院数学系的一名助理教授。麦卡锡不仅是一位老师，还是一位“难题设计师”，就是专门“出难题”的人，特别喜欢设计算法和研究密码学。

此外，麦卡锡还发明过一种语言，别误会哦，可不是像英语、汉语这样的语言，而是和计算机进行“对话”的语言——LISP编程语言。LISP语言不但是最早的计算机编程语言之一，而且是特别“长寿”的一门语言，已经有60多年的历史了，直到今天还应用于人工智能领域。

这种语言有着非常独特的结构，比如算式$A+B$改用LISP语言表达出来就是(+ A B)。很多人对LISP语言的第一印象就是一层层的括号，由此还生出一个关于黑客偷到LISP语言源代码后，发现最后一页全是括号的笑话，如图4-3所示。可别小看了一层层的括号，这种特殊结构处理起数据和符号来特别方便，大大提高了程序的运行效率。

图4-3 LISP语言源代码的最后一部分是一层层的括号

麦卡锡的学生生涯“顺风顺水”，高中一路跳级。高三时，一次偶然的机会，他得到了一份加州理工学院的课程目录，于是他自学了该校大学一年级和二年级的微积分课程，之后很轻松地完成了教材上所有的练习题。所以，麦卡锡在进入加州理工学院数学系后，免修了头两年的数学课程。

之后，麦卡锡到普林斯顿大学攻读数学硕士学位。在一次学术研讨会上，他有幸听到了冯·诺依曼博士的学术讲座。对，就是那位被誉为“现代计算机之父”，提出过著名的冯·诺依曼体系结构的科学家（你现在用的计算机依然是以冯·诺依曼体系为基础的，距今已有70多年的历史了）。冯·诺依曼这次学术讲座的主题是“自动操作下的自我复制”，讲的是如何设计一款拥有自我复制能力的机器。听起来像不像让机器学会自己克隆自己？麦卡锡觉得这个主题非常有意思，在冯·诺依曼的影响下，他最终确立了志向，把机器智能作为他的职业方向（当时还没有“人工智能”这个词）。

再后来，麦卡锡继续在普林斯顿大学攻读数学系的博士学位，他当时的博士论文就是围绕如何在机器上模拟人类智能展开的。看，一次偶然的学术讲座，一位具有敏锐洞察力的前辈科学家，决定了一位年轻人一生的奋斗方向！可见，不断开阔眼界，了解最新的科学思想、新奇的研究主题，对一个有志于科学的年轻人有多么重要！

麦卡锡一生中对人工智能领域的贡献很多，而且他是达特茅斯会议的发起人之一，并在会议上第一次提出了“人工智能”这个术语，并因此被后人誉为“人工智能之父”。

马文·明斯基

还有另一位参加达特茅斯会议的科学家，后来也被人们誉为“人工智能之父”，他就是马文·明斯基（图灵、维纳、冯·诺依曼也被誉为“人工智能之父”，因为他们为人工智能的发展确实做出了很大的贡献）。明斯基与麦卡锡一起推动了达特茅斯会议的召开，他还是1969年图灵奖（计算机科学领域的最高奖项）的获得者，也是推动人工智能发展的重要人物。

明斯基出生于美国纽约市，是麻省理工学院人工智能实验室的创始人之一。明斯基是哈佛大学的高才生，在读书时就很好奇人类的智能和思想是怎么产生的，好奇人类和机器在思考时会有什么区别。明斯基也是人工智能主要流派之一——“神经网络派”的奠基人之一。“神经网络派”也叫“联结主义学派”，因为神经网络是由一个个神经元联结在一起而形成的。明斯基在普林斯顿大学撰写的博士论文就是关于神经网络的，但他后来又转而指出神经网络的缺陷，让神经网络的发展一度陷入了低谷。明斯基还到麻省理工学院创立了人工智能实验室。在那里，他打造出了一款叫作“触手”的“软”机械臂——无论在外形上还是功能上都和章鱼的触手非常相似。“触手”有12个关节，非常灵活，可以轻松绕过障碍物。这种机械臂还非常强壮有力，能够轻松举起一个人，如图4-4所示。明斯基对机械臂的研究极大地影响了现代机器人学的发展。

明斯基的研究兴趣非常广泛，他设计并制作了最早的几款光学扫描器，还有一种分辨率极高的激光扫描共聚焦显微镜，这种仪器至今仍被生物科学领域广泛采用，比如检查眼底视网膜的细微结构等。此外，他对音乐也有不少研究，是一位颇有建树的钢琴家，尤其擅长即兴弹奏。

图4-4 “软”机械臂

科学家的“朋友圈”

别误会，这里说的可不是微信的朋友圈，在达特茅斯会议召开的时候，还没有手机、移动互联网呢，更别提微信了。我们要说的是麦卡锡和明斯基真的是朋友，而且与很多著名的科学家也是朋友，或者朋友的朋友，他们组成了一个实实在在的科学家朋友圈。像达特茅斯会议这样的学术会议，能够召集很多的科学家参加，也是依靠了“朋友圈”的力量。

比如，麦卡锡和明斯基都毕业于普林斯顿大学，两人从学生时代起就是好朋友。麦卡锡的老师是失去双手的代数拓扑学家所罗门·莱夫谢茨（Solomon Lefschetz）。

明斯基的老师是时任普林斯顿大学数学系系主任的艾伯特 · 塔克（Albert Tucker），而塔克的老师也是莱夫谢茨。这么一说，明斯基应该管麦卡锡叫师叔了。塔克的另一个得意弟子就是那位拥有“美丽心灵”的诺贝尔经济学奖得主约翰 · 纳什（John Nash），如果你想了解这位天才数学家的传奇人生，可以看一看《美丽心灵》这部电影。纳什虽然比明斯基小一岁，但是比明斯基早4年获得博士学位，所以明斯基还得管纳什叫“师兄”，如图4-5所示。

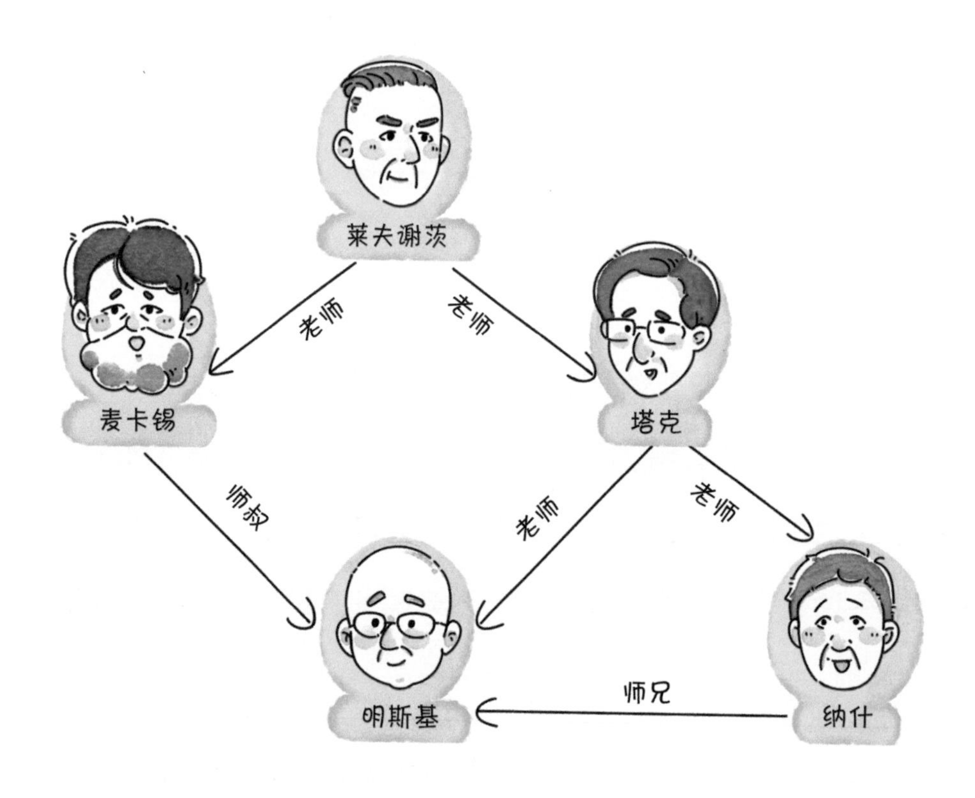

图4-5 科学家之间的“朋友圈”

克劳德·香农

明斯基的朋友圈里，还有一位重量级的人物——克劳德·香农。明斯基取得博士学位后，香农等几位教授推荐他成为哈佛大学的助理研究员。所以，明斯基和麦卡锡在筹办达特茅斯会议的时候，当然不会忘记邀请这样一位重量级的科学家了。

香农出生于美国密歇根州，是一位伟大的数学家、电子工程师和密码学家。他本科就读于密歇根大学。普通人读大学，通常学习一个专业的课程，最终拿到一个学位；香农则同时学习了数学与电气工程两个专业的课程，拿到了两个学士学位。之后，香农来到麻省理工学院攻读博士，最终取得了数学博士学位。之后，香农进入普林斯顿高等研究院工作，在那里，他与很多有影响力的科学家和数学家都有过交流，其中就包括爱因斯坦和冯·诺依曼这样的大科学家。

香农和图灵的关系也非常不错，他们一起讨论过有关图灵机和计算机下棋的问题，并且两人的很多想法非常吻合。更巧的是，在第二次世界大战期间，香农也像图灵一样，做过破译德军密码的工作。那段时间里，他一直在贝尔实验室研究密码的破译和保密通信工作，为军事领域的密码分析做出了很大贡献。

1948年，香农发表了一篇著名的论文——《通信的数学原理》(*A Mathematical Theory of Communication*)，介绍了很多有关通信的概念和数学理论，奠定了现代信息论的基础，而他本人也因此被誉为“现代信息论的创始人”。这篇论文具有划时代的意义，为什么这样说呢？人们曾经以采集食物为生，而如今我们要以“采集信息为生”，如图4-6所示，这种感觉就好比现在人人几乎手机不离身，时刻通过互联网来了解周围发生的一切。信息是我们这个世界运行所必需的血液和生命力，信息的概念也早已渗透到了各个科学领域，比如物理热力学、计算机科学中的算法复杂度，以及概率统计，等等。

图4-6 以“采集信息为生”的现代人

香农小的时候最仰慕的英雄就是托马斯·爱迪生，后来他才知道自己是爱迪生的远房亲戚。香农的兴趣爱好非常广泛，他有一个摆满了各种证书和小发明的房间，这些小发明都是他花费很多年收集到的，比如会说话的下棋机、百刃折叠刀、电动弹簧单高跷，以及数不清的乐器。当然，也有他自己创造的小发明，比如有3个小丑的微缩舞台、一个能在迷宫中自己找到出口的机械老鼠、一个能用罗马数字运算的计算机、装有火箭发动机的飞盘、会“读心术”的机器以及一个叫W.C.菲尔兹（W.C. Fields）的杂耍模型。W.C.菲尔兹的造型是一个喜剧演员，香农曾经试图让这个杂耍模型表现出如真人一般的喜剧表演能力，但是最终未能如愿。

更让人想不到的是，科学家香农自己也是一位杂耍爱好者，经常有人见到他一边骑着独轮车，一边用4个球玩着杂耍，穿行在贝尔实验室的大厅里。不愧是搞数学出身的，他竟然提出了一套“杂耍统一场论”：用B代表球的数量，H代表手的数量，D表示球在手中度过的时间，F代表每个球的飞行时间，E代表每只手不拿球的时间，那么

$B/H=(D+F)/(D+E)$【注意：此公式仅供娱乐，有待科学验证】

可是，香农的这套理论没法帮他同时抛出4个以上的球，他认为这不是自己的那套理论不行，而是因为自己的手比较小而已。在香农房间里最显眼的位置，挂着装裱好的名为“杂耍学博士”的证书，如图4-7所示，没准儿还真有这样的博士学位呢，而且看起来他对获得这个博士学位感到很自豪。怎么样，科学家的生活是不是也可以很丰富多彩，不只是解数学题和搞研究啊？

图4-7 喜欢玩杂耍的博士——香农

还有谁参加了达特茅斯会议

除了麦卡锡、明斯基和香农，参加会议的还有纽厄尔。纽厄尔出生于美国旧金山，他的父亲是美国斯坦福医学院放射学教授。纽厄尔和麦卡锡同龄，都毕业于普林斯顿数学系，但是在上学时两人互不相识。纽厄尔的导师曾跟冯·诺依曼一起做过有关博弈论的研究（如果你忘了冯·诺依曼是谁，可以回顾“人工智能的史前时代”里对他的介绍）。纽厄尔在斯坦福大学获得了物理学学士学位，后来加入了著名的智库兰德公司，和美国空军合作开发早期的预警系统。预警系统需要模拟出雷达显示屏前工作的操作人员在各种情况下的反应，这激发了纽厄尔对“人是如何思考的”这一问题的兴趣，并在工作中结识了比自己年长11岁的司马贺。

看到“司马贺”这个名字，你想到了谁？司马迁、司马光，还是司马相如（如图4-8所示）？事实上，“司马贺”这个名字的所有者可是位如假包换的美国人，在血统上和中国人没有半点关系，他的英文名字叫作Herbert Alexander Simon，就是前文提到的赫伯特·亚历山大·西蒙。西蒙不仅能熟练使用中文进行读写，在中国访学期间还入乡随俗地为自己起了个谐音名字——司马贺。

图4-8　很多很多“司马”

司马贺出生于美国威斯康星州，从小聪明好学，本科就读于芝加哥大学，博士就读于美国加州大学伯克利分校、美国耶鲁大学、瑞典隆德大学、加拿大麦吉尔大学、荷兰鹿特丹伊拉斯姆斯大学、美国哈佛大学……咦？等等！你可能会诧异，这里怎么列出了这么一大串学校的名字？原来，司马贺是一位难得的学界通才，他在近40年的学术生涯中总共获得了9个博士学位！还在心理学、管理学、经济学、计算机科学等多个领域有所涉猎，并获得过诺贝尔经济学奖！凭借杰出的科研成果，司马贺还拿到了众多名校的荣誉博士学位。放到今天，我们称呼他为“跨界学神”一点儿也不为过。人工智能充其量只是司马贺的一门副业，可凭借着深厚的数学基础和计算机程序设计功底，他在这门副业上也达到了常人难以企及的高度。

在结识纽厄尔那年，司马贺正在美国卡内基理工学院（卡内基－梅隆大学的前身）的工业管理系担任系主任。后来，纽厄尔跟着司马贺学习，两人一起发表学术论文，一起做学术报告，合作得很愉快。纽厄尔和司马贺代表着人工智能领域的另一条路线——逻辑主义（也叫符号主义）学派，他们希望机器能够掌握一定的思维规律，从而让机器自己学习新知识。之后，纽厄尔和司马贺还一起创建了卡内基－梅隆大学的计算机系。1975年，两人因为对人工智能领域的杰出贡献获得了图灵奖，这也是图灵奖首次同时授予两位学者。

趣闻

图灵奖的奖杯是一个银碗，外形朴实但色泽耀眼。你可能会问，为什么图灵奖设计成一个碗呢？有一种说法是在中世纪的时候，军队打胜仗后会大摆酒宴，痛饮胜利美酒，用碗状物作为奖励象征物，既方便饮酒，也方便装满作为奖励的金银珠宝。另一种说法是碗有象征意义，象征着计算机科学的成果可以直接应用于日常生活中。你可以回想一下，鲜少有诺贝尔奖成果能够直接应用于日常生活吧？但是计算机科学的图灵奖杯——图灵碗可以，如图4-9所示。

图4-9　图灵碗

纽厄尔在兰德公司开会时，还认识了另一位参加达特茅斯会议的重要人物——塞弗里奇。当时的塞弗里奇正在麻省理工学院追随“控制论之父”维纳，和神经网络的奠基人麦卡洛克一起从事人工智能方面的研究。第一个实用的人工智能程序就是由塞弗里奇编写的，这段程序可以自动识别“手工印刷”体的英文字符。简单来说就是，操作者将印刷的内容扫描后，程序就会自动处理掉页边留白、字体粗细这类印刷干扰，再做一些特殊处理，让图像变得更清晰些，然后将处理后的结果存储在计算机中，最后对存储的图像加以识别并输出结果，这一过程叫作“模式识别”，如图4-10所示。

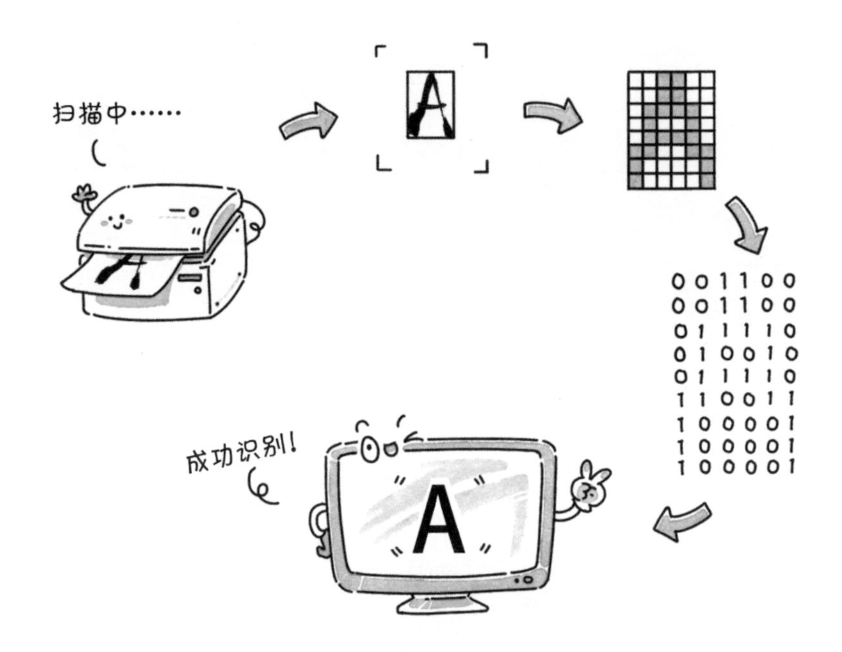

图4-10 “手工印刷”体英文字符的自动识别过程

模式识别是人工智能领域里出现得很早的一个分支。比如，读到这里，你看到的“人工智能”这个词是由4个汉字组成的。无论“人工智能”这4个汉字出现在纸质书、Kindle电子书、扫描出来的PDF文档、手写的纸张上，还是它们在材质、大小、颜色、亮度、线条等方面存在差异，都不影响你认出这4个汉字，也不影响你理解它们代表的意思。因为你的大脑在不知不觉间会将这些不同的线条、图像，根据上学时老师教的汉语知识和汉字形状，对应到一个个具体的汉字上。所谓的“模式识别”，就是在你的大脑中自动完成的这个过程。

人类模式识别的能力生来就极为强大，幼儿园的小孩在绘本上看到过大象的卡通形象，然后当她第一次去动物园见到真正的大象时，就可以毫不费力地认出这就是大象，哪怕这个动物真正的样子和它的卡通形象差异极其巨大。模式识别对计算机来说却是极其困难的，不信的话，你可以试着思考几分钟，看看如何给长颈鹿下一个清晰的定义，让计算机程序用这个定义分辨出眼前的生物是否是一只长颈鹿，如图4-11所示。

图4-11　模式识别对于计算机来说是道难题

达特茅斯会议最终讨论出了什么

现在，你知道参加这次会议的科学家都有谁了吧，那么下面来猜猜会议开了多长时间吧。3天？5天？10天？都不对。告诉你吧，这次会议足足开了两个月，大家聚在一起天马行空地讨论着各种议题。麦卡锡和明斯基在发起这次会议时，在建议书里列举了他们计划研究的几个领域，比如神经网络、机器学习，等等。虽然最后会议没有达成普遍的共识，但是为所讨论的研究领域起了一个全新的名字——人工智能，如图4-12所示。因此，1956年也就成了“人工智能元年”。达特茅斯会议奠定了人工智能发展的两个主要方向——逻辑主义和联结主义，因此被认为是人工智能历史上最重要的一次会议。

图4-12　第一次提出“人工智能”这个词

人工智能历史上的重要发明

禾木： 小核桃，我听说人工智能历史上有好多有趣的发明，比如机器人、无人驾驶汽车什么的。你能给我讲一讲吗？

小核桃： 好呀，禾木。达特茅斯会议之后，科学家和工程师们发明了各种各样的人工智能产品。比如在机器人领域，有在生产线上装配汽车的机器人，有在医院里帮护士移动病人的机器人，还有在家里进行打扫、清洁的机器人。又如在智能程序方面，有和人对话的语音助手Siri，有战胜世界冠军的AlphaGo……接下来，我们会按照时间顺序给大家讲一讲这些人工智能历史上的重要发明。

第一个工业机器人——Unimate

1961年，世界上第一个工业机器人Unimate诞生，它在通用汽车公司的生产装配线上工作。Unimate包括一个类似计算机的大盒子，连接到另一个盒子上，再连接到一个机械臂上。它要执行的一系列任务都存储在数据存储设备里，比如在装配线上运输零件，以及将零件焊接在汽车车身上。这些任务非常危险，一不小心，工人就可能吸入有毒气体而导致中毒或者发生工伤事故。Unimate不仅是一位“装配工人”，还跨界成了一名娱乐明星，它在当时非常火的电视节目《今夜秀》中进行过各种表演，比如把高尔夫球打到杯子里，倒一杯啤酒，挥舞指挥棒指挥乐队，等等，如图5-1所示。

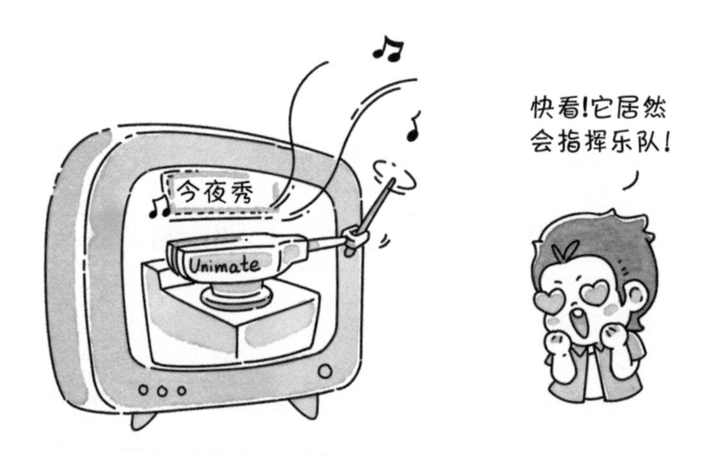

图5-1　工业机器人Unimate在《今夜秀》中表演节目

最早的医用机器臂

汽车制造业并不是机器臂唯一的应用场景。1963年，美国加利福尼亚州一家医院专门为残疾人设计了一款特殊的机器人Rancho Arm，用于帮助护士移动行动不便的病人。它实际上是一个有6个关节、像人类手臂那样灵活的机器臂。

第一个专家系统

1965年，斯坦福大学成功研制出了第一个专家系统——DENDRAL。它实际上是一段人工智能程序，存储了丰富的物理和化学方面的专业知识，可以代替人类专家解决问题，比如识别有机化合物的分子结构。它用到的各种判定规则是通过“如果……那么……”形式的编程语言表示的，有时候它的分析结果甚至比人类专家的分析结果更准确。这种“如果……那么……”形式的判定规则在很多领域都会用到，比如“如果三角形有一个角大于90度，那么它就是钝角三角形”，如图5-2所示。专家系统就是依靠很多这样的判定规则成为“专家”的。

图5-2 利用判定规则解决数学问题

第一个聊天机器人

在第二次世界大战期间，很多计算机科学家参与了破解德军密码的工作，他们大多是数学、密码学以及通信领域的精英。战争结束之后，55岁的沃伦·韦弗（Warren Weaver）决定把破解密码的知识用到其他有用的地方去。于是，他提出了这样一种大胆的想法：人类的语言都是某种密码，比如，德语只是用密码写成的英语而已。就像他们在第二次世界大战中所做的一样，只要用某种机器破解了这种语言的密码，就可以做到自动翻译了。沃伦·韦弗发表了一篇名为《翻译》的文章，这就是人工智能自然语言处理方面的第一颗种子。

后来，美国政府开始意识到自然语言处理的潜在影响，于是投入了上千万美元的研究经费。1966年，第一个聊天软件Eliza终于诞生了。Eliza最著名的模式叫作“医生”（Doctor）模式。它像心理医生一样回答聊天对象的问题，足以“欺骗”某些“病人”，让他们以为自己在跟真正的心理医生交谈。

但如果你与Eliza聊天超过5分钟，就会感到哪里不太对劲儿——Eliza总是在重复说一些话，有时候会显得荒谬无理。这是由Eliza的工作原理造成的：它会从预先给它输入的关键词中寻找线索。比如当Eliza看到“一样”或者“相似”这样的词出现时，它的回答会是“哪里一样？”或者“哪里相似？”。如果它看到“我的家人对我是怎么样的”这样的描述语句，它会问：“还有谁在你家是这样的？”如果它说“嗯”，就代表它找不到事先编好的话语来回答了，说白了就是完全不知道你在说什么（这一点和人挺像的），如图5-3所示。从某种程度来说，这个程序是专门为通过图灵测试设计的，它用不着“听懂”对话里的所有内容，只要让人类以为和自己聊天的也是个人就好。自然语言对当时的计算机来说太难了，说到底，计算机从一开始就是为计算而设计的，并不是用来对话的。

图5-3 第一代自然语言理解系统

一个能听懂自然语言指令的机器人

1968年，美国麻省理工学院的博士生特里·维诺格拉德（Terry Winograd）创建了一个能听懂自然语言指令的机器人——SHRDLU。它是一个“有脑、有耳、有手、有眼”的玩具机器人，可以把语法、语义和逻辑推理结合起来，按照操作人员的命令把放在桌上的不同颜色、大小和形状的积木捡起来，并用这些积木搭建出新的结构体，如图5-4所示。在整个对话过程中，操作人员可以获得SHRDLU的各种视觉反馈，从而观察它对语言的理解程度，以及对命令的执行情况；还可以把SHRDLU连接到电视机上，使得屏幕上显示出这个机器人的模拟形象，以及它和真人自由对话的生动情景。

图5-4　机器人和真人自由对话

第一台移动机器人

机器人可以分成两大类：固定机器人和移动机器人，如图5-5所示。前文介绍的几种机器臂都属于固定机器人，它们通常被安装在工厂的固定位置，用于工业生产，比如装配线当中。固定机器人的运动一般是靠系统可以操控的关节实现的。接下来要出场的是移动机器人，它们靠轮子、履带或者类似腿的运动装置来移动自身。

第一台移动机器人是斯坦福研究所于1970年发明的，叫作“Shakey”。 它是第一台由人工智能控制的移动机器人，配备了用于收集数据的电视摄像机、激光测距仪和碰撞传感器。它还安装了一段驱动程序，这段程序可以把周围环境相关的数据应用在路线规划之中，经过分析与整合之后，再通过无线电向Shakey发送命令，从而控制它的移动。从这一点来说，Shakey是第一台能够做到整合感知并按照预先计划来执行命令的机器人。顺便提一句，它能以2米每小时的速度移动。是的，你没听错，就是这么慢！因为它每走几米，就要停下来花几小时进行图像等内容的运算处理。人工智能领域的许多后续研究受到了它的启发，其中包括1990年成立的著名商业机器人吸尘器公司iRobot。

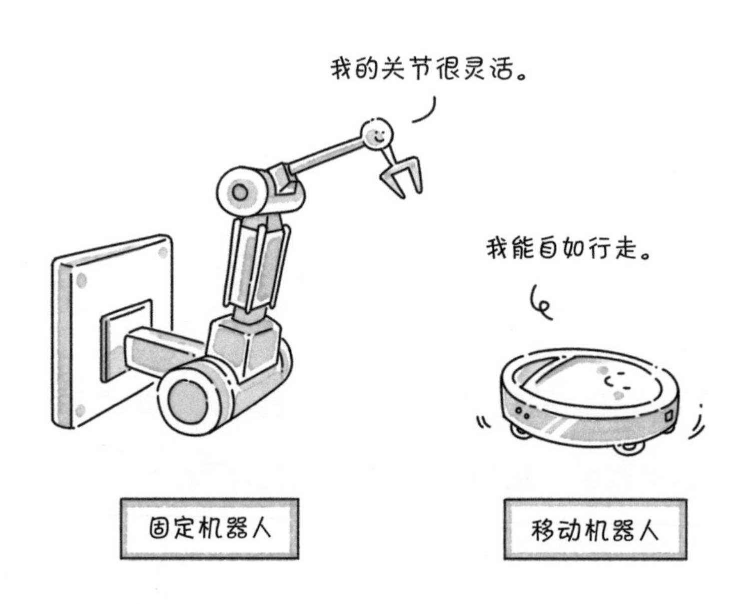

图5-5 固定机器人和移动机器人

早期的计算机问答系统

LUNAR是美国BBN科技公司于1972年设计的对话系统，它是第一个能用常用英语句型同计算机对话的系统。这个系统存储了3500个英文单词，专门用于回答有关阿波罗登月带回的月球岩石和土壤样本的地质分析问题，如图5-6所示。它的实际意义体现出自然语言理解系统对科学和生产的积极作用，大大推动了这方面的相关研究。

图5-6 利用月球岩石和土壤样本做地质分析

第一个电子教具

1978年，美国德州仪器公司推出了第一个电子教具——语音学习助手Speak&Spell。这是专门给儿童使用的语音学习助手，有多种寓教于乐的游戏，可以帮助他们在游戏中学习字母与单词。比如，屏幕上会弹出一个没有拼全的单词，让使用者通过键盘输入缺失的字母。再如，屏幕上会弹出一个单词，并通过内置的低成本声音合成器念出这个单词的发音，随后让使用者跟读，如图5-7所示。这款产品的设计理念是把互动机器人当作人类的朋友，它的目的并非单纯地模仿人类教师，而是让使用者一起玩耍、学习，并熟悉电子产品的使用方式。它一上市就深受孩子喜爱，然而很少有人知道，公司最初并不看好这款产品，其生产计划也差点儿搁浅。市场调查报告显示，家长普遍认为这只是一种吵闹的玩具而已，合成的声音听上去冰冷而又呆板。所幸它的几位设计者并没有放弃，最终说服公司将这款产品推向市场。

图5-7　单词拼写游戏和跟读练习

早期的无人驾驶

1979 年，斯坦福大学的研究生发明了一款叫作“Stanford Cart”的小车。如

图5-8所示，这款小车可以在无人干预的情况下自动穿过房间，并能绕过放置在房间里的椅子。这款小车前后行驶了5小时，不过它行驶得非常慢，每走1米就要停下来，花10~15分钟判断下一步该怎么走。它配备了立体视觉设备——安装在车顶部的摄像机可以从多个角度拍摄周围环境的照片，并在计算机中将这些照片混合叠加起来，再由程序判断，从而躲避障碍。

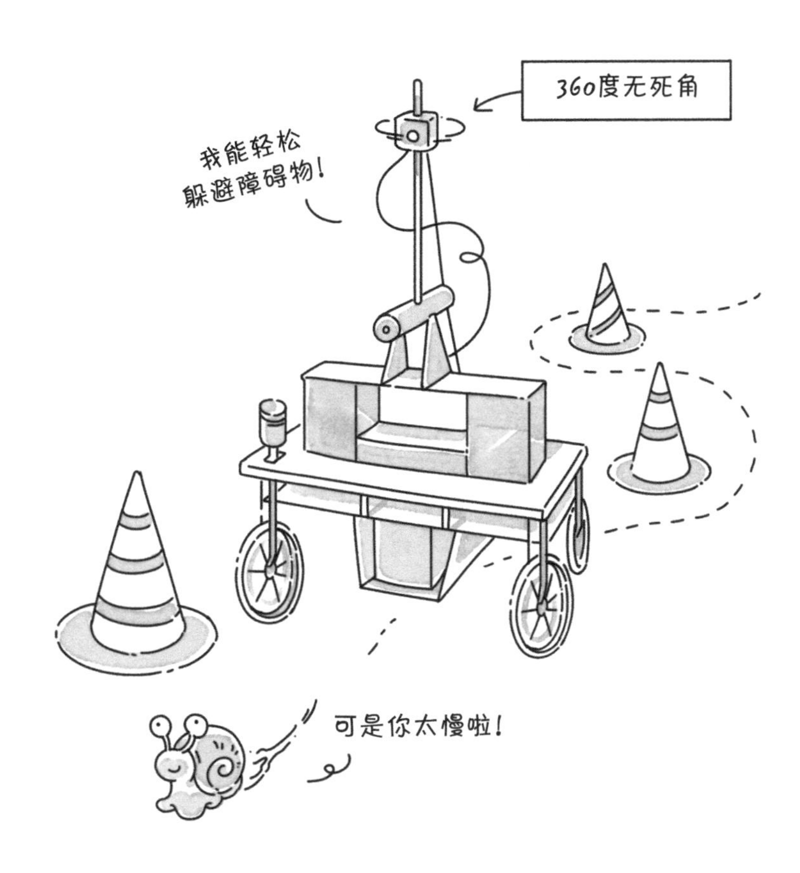

图5-8　Stanford Cart小车

第一次人机象棋大战

计算机与国际象棋大师的较量可以追溯到1989年。当时卡内基-梅隆大学的一名计算机系华裔博士生设计了国际象棋程序，并将其命名为“Deep Thought”(深思)。它的计算速度高达每秒200万步棋，但还是以0 ：2输给了当时的世界冠军卡斯帕罗夫。

人工智能的反击

1997年，IBM在国际象棋程序Deep Thought的基础上，开发了Deep Blue(深蓝)。Deep Blue的运算速度为每秒2亿步棋，可搜索及估计随后的12步棋，而一名优秀的人类棋手大概可估计随后的10步棋。同年5月11日，Deep Blue击败了当时的国际象棋世界冠军卡斯帕罗夫。在进行的6场比赛中，Deep Blue赢了两场，卡斯帕罗夫赢了一场，而其他3场比赛则为平局。这个比赛持续了好几天，并通过电视直播。每场比赛都有600名观众在比赛场地下面的剧院里观看大屏幕直播，场场爆满。值得注意的是，虽然Deep Blue最初是专门为参加国际象棋特级大师赛设计的，但是它的底层技术正在被用来解决复杂的真实世界中的问题，比如清理有害垃圾、建模财务数据、设计汽车、研发新药，如图5-9所示。

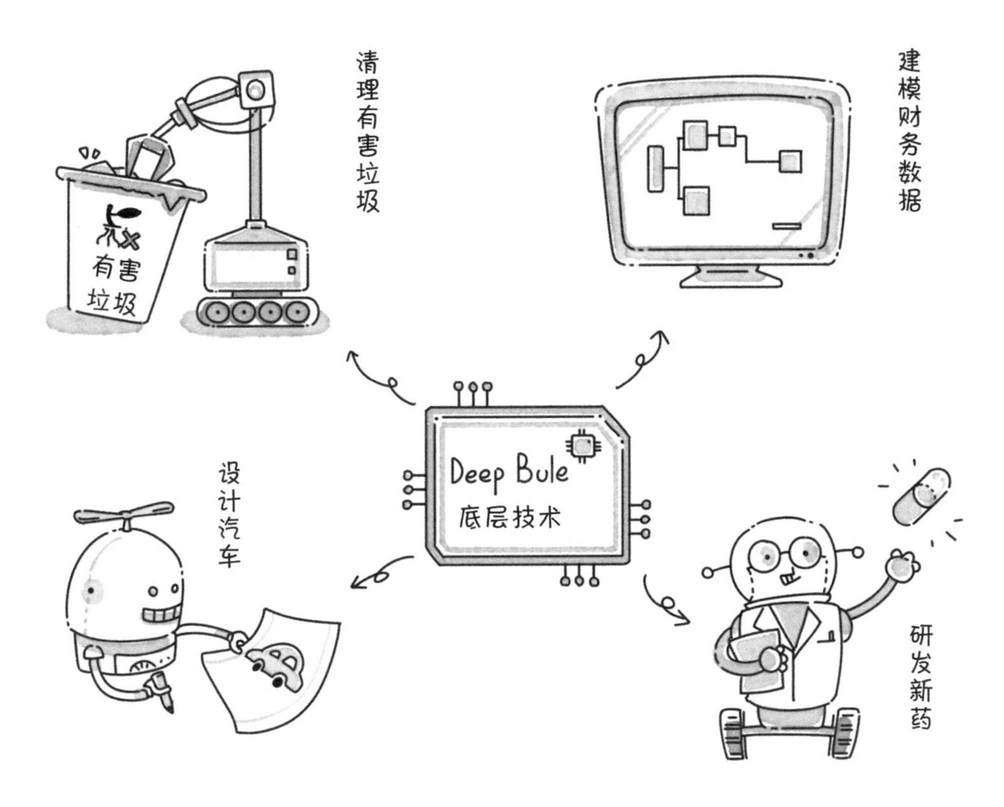

图5-9　解决复杂的真实世界中的问题

能跟人交流的玩具

1998年，一种能跟人交流的玩具“菲比精灵”风靡美国。人们将不同颜色的菲比精灵称为“婚礼菲比”“燕尾服菲比”“滚雪球菲比”和“自行车手菲比”。菲比精灵的稀有度不同，其价格也不相同。菲比精灵不同于一般的宠物玩具，除了拥有卡通造型，它的身体上还有 5 个传感器，可以感知外界的光线、声音以及拉拽、抚摸等动作，进而通过电动机和齿轮系统让眼睛、嘴巴和耳朵等部位做出不同的反应。内置处理器让菲比精灵具备了一定的“思考”能力，可以通过与主人的接触与简单的交流培养感情。菲比精灵之间也会相互影响，它们通过眼睛内部的红外端口“沟通”。如果你有多只菲比精灵的话，一只菲比精灵打喷嚏或者咯咯笑，它周围的菲比精灵也都会受到影响而做出相同的动作。

菲比精灵大受欢迎的另一个原因是它具有一定的“智力”和“语言能力”。最初，菲比精灵只能说它们的母语“菲比语”，但随着与主人的接触，它们可以学会说英语。语言的学习被视为菲比精灵的成长，但也有一些人认为这是菲比精灵内置的录音设备，即自动录下别人抚摸它时常说的单词和短语，然后转变声线变成菲比精灵自己的语言。美国国家安全局还因此一度明令禁止员工携带菲比精灵入内。后来，玩具公司的老板公开声明菲比精灵绝对没有任何记录能力，其发明人也证实了菲比精灵的麦克风并不能录制任何声音，禁令才被撤销了。发明人在解释这件事的时候还表示，菲比精灵“学会”的英语其实都是预先录好的，而且菲比精灵并不能“听懂”主人说的话，因为不管你在它旁边说什么，传感器都会判别为“嘟嘟嘟”，如图 5-10 所示。

图5-10　假装听懂主人命令的机器宠物

机器狗

1999年，日本索尼（SONY）公司设计出第一代机器狗“AIBO”。在AIBO体内，有一块极小的芯片。正是这块芯片赋予了AIBO“人类的智慧”，让它按照自主意识行动，并展现出快乐、悲伤等6种情绪。AIBO全身装配了一些驱动部件，让它不仅可以走动，还能像小狗一样做出各种有趣的动作，比如端坐、伸懒腰、踢球、摆尾和打滚。AIBO与普通玩具的区别在于，它更像一只“有血有肉”的宠物。然而，AIBO终归是机器，也必然会发生故障。SONY曾一度为AIBO开设了专门的诊所，负责维修，如图5-11所示，但于2014年以零件耗尽为由停止了这项服务。于是AIBO的主人们陷入了困境——昔日伙伴一旦出了故障，将无法修理。尽管

AIBO没有血肉之躯的寿命限制，却还是无法终身相伴左右。依据日本文化，即使是工具，也是有灵魂的——的确有人为自己的机器狗举行过葬礼。

图5-11　专门为AIBO开设的宠物诊所

2017年11月，SONY重新发布了新一代人工智能宠物狗AIBO。新一代宠物狗不但外观可爱、行为动作更加逼真，而且它们身上安装了很多传感器，比如障碍物传感器、距离传感器、压力传感器、触摸传感器、陀螺仪和加速度传感器、亮度传感器等。有了这些传感器，再结合人工智能技术，AIBO就能准确地识别主人，并在互动中感知主人的情绪和喜好，相应地调整自己的性格和互动方式，成为主人身边独一无二的宠物。此外，AIBO会自动将主人的习惯和个性养成等数据传输至云端存储，确保自己对主人的记忆不会消失。

人形机器人ASIMO

除了SONY公司推出的机器狗AIBO，日本研发出的有代表性的机器人还有HONDA公司在2000年推出的人形机器人ASIMO。它身高1.3米，体重48千克，是两足步行机器人的先驱，它的行走速度是每小时0~9千米。设计ASIMO的初衷是为了帮助那些行动不便的人。ASIMO对人类动作模仿得更精准。早期的机器人如果直线行走时突然转向，必须先停下来，看起来比较笨拙，而ASIMO则灵活得多，它可以实时预测下一个动作并提前改变重心，因此可以做到“行走自如”。它还可以完成“8”字形行走、下台阶、弯腰等各种复杂动作，还可以握手、挥手，甚至可以随着音乐翩翩起舞，如图5-12所示。

图5-12　跳街舞的机器人

到了2011年，ASIMO的功能增加了不少。它可以根据周围环境独立做出决策，还可以做到单腿站立。它身上的传感器可以近距离监测人群活动，通过收集的信息做出预测，进而确定下一个行为。2012年版的ASIMO还装有人工智能程序，可以预先设定动作，依据人类的声音指令和手势指令做出相应的动作，甚至还具备基本的记忆与辨识能力。

早期的集群智能典范

科学家们从自然界里的鱼群、蚁群和鸟群中受到启发：如果单独把其中一条鱼或者一只蚂蚁拿出来，它们的智商简直微不足道；但是，众多低智能的个体通过相互之间的简单合作却能解决复杂问题，以及做出更智能的决策。在生物学上，这一过程被称为“集群智能”，类似于我们平时常说的“人多力量大”，如图5-13所示。既然生物可以集群，那么机器人也可以集群吗？

图5-13　集群智慧的范例

2002年，美国国防部高级研究计划局（DARPA）资助了220万美元用于研发Centibots项目。Centibots项目的成果是一套由多达100个机器人组成的机器人群体，可以用于勘测潜在的危险区域，比如绘制实时地图、寻找军方感兴趣的东西等。这些机器人可以相互交流并协调行动，如果一个机器人出现故障，另一个机器人会接管其任务，如图5-14所示。每个机器人都在执行非常基础的动作，合起来就是更复杂、更即时的动作，进而可以解决实际问题。这些机器人完全自主行动，不需要人工干涉，这就是早期的机器人集群技术。

图5-14　机器人群体协作

早期的扫地机器人

美国iRobot公司于2002年推出了Roomba系列扫地机器人。这种机器人在清洁房间的同时可以检测并避开障碍物，如图5-15所示。iRobot的联合创始人曾在麻省理工学院的移动机器人实验室工作过，该实验室的主要研究方向是基于类似昆虫的反射行为（而不是中央“大脑”），来让机器人做出有目的的行动。

图5-15　早期的扫地机器人

火星探测漫游者

由美国国家航空航天局（NASA）研发的“机遇号”，是一台执行火星探测任务的地表探测车。它于2004年在火星着陆，并工作了5000多天，远远超出原本计划的90个火星日。“机遇号”用太阳能发电，这使得它能够稳定、持续执行各种科研考察任务。比如，对火星岩石进行地质分析，对火星地表进行描绘，在火星第一次发现了陨石“隔热罩岩”，以及使用两年多的时间研究维多利亚撞击坑。但这也带来一个问题，一旦火星上发生全球性沙尘暴，就会出现“遮天蔽日”的情况，“机遇号”的充电就成了问题，如图5-16所示。你可能会问，火星上会经常出现覆盖面积如此之广的沙尘暴吗？答案是这样的沙尘暴确实罕见，但是它常会突然出现，并持续几个星期甚至几个月。2018年6月，一场全球性沙尘暴在火星上爆发了。几天之后，“机遇号”与地球的通信中断了，进入了低电量休眠状态。在此后长达3个月的时间内，控制中心都无法获得机遇号的行踪与状态，直到同年9月才从火星侦察轨道卫星传回的影像确认了它的位置。然而，NASA最终未能恢复与“机遇号”的联系。

图5-16　遭遇沙尘暴的火星地表探测车

早期的自动驾驶汽车

自动驾驶在美国已经有多年的发展历史，这项技术的出现依然源自美国军方的战略需求。2001年，美国为了应对阿富汗战争中路边炸弹造成的伤亡问题，要求在2015年军方三分之一的车辆必须实现无人驾驶。直至2003年，无人驾驶技术还没有丝毫进展。迫不得已，DARPA启用了“非常规操作”——用无人驾驶比赛的形式吸引研究人才来推动这项技术的发展，并为获胜团队提供100万美元的奖金作为回报。在比赛场地的选择上，赛事主办方也刻意选择了与阿富汗战争地形相似的地方——拉斯维加斯附近的莫哈维沙漠。在众多参赛报名的队伍中，最被看好的要属斯坦福大学人工智能实验室塞巴斯蒂安·特伦（Sebastian Thrun）教授的团队以及卡内基－梅隆大学雷德·惠特克（Red Whittaker）教授的团队。

2004年3月，DARPA举行了第一届无人驾驶挑战赛，结果所有团队大败而归。原本计划穿越200多千米的赛区，却没有一辆车完成。参赛者们大都没有经验，妄想通过改装汽车硬件来赢得比赛，比如把轮胎改为矩形，也有试图让汽车按照设计师设计出的电子地图路线自动行驶的，还有用改装后的摩托车参加比赛的，如图5-17所示。行驶得最远的是卡内基－梅隆大学的团队，也没超过全程的5%……

图5-17　第一届无人驾驶挑战赛的选手

到了2005年，DARPA又举行了第二届无人驾驶挑战赛，把奖金提高到了200万美元，地点还是在莫哈维沙漠。这一次，上一年参过赛的团队开始意识到除了改装硬件还得改进软件，而且绝大部分团队都加上了激光雷达测距仪等传感器。当时的激光雷达测距范围在10米左右，而摄像头可以看到100米左右范围内的景象。于是，斯坦福大学团队中有人提出加入计算机视觉的方案。在大部分人的想象中，要顺利通过比赛，就是以最快的速度绕开障碍物，再快速行驶在平坦的沙漠道路上。也就是说，能否成功绕开障碍物是比赛获胜的关键。但事实并非如此，参赛队伍绕开障碍物的时间相差无几。由于沙漠地形的特殊性，反而是在平坦道路上的表现决定了能否获胜。因为摄像头可以比激光雷达多看到90米左右范围内的景象，所以，是在发现障碍物的10米内急刹车好，还是在距离障碍物100米的时候就准备减速通过好，这是当时最值得思考的问题，事实证明后者更佳。特伦所代表的斯坦福团队正是因为引入计算机视觉方案而获得了此次比赛的冠军，拿到了200万美元的奖励。

这一次，斯坦福大学团队能战胜卡内基－梅隆大学团队的另一大原因是莫哈维沙漠在美国西部，更利于他们去现场观测，并通过实地发现问题；而坐落在美国东部的卡内基－梅隆大学地处城市，他们的团队对沙漠路况不熟悉。后来，特伦加入谷歌X实验室的第一个项目就是研究谷歌街景地图而不是无人车，这也是源于这次无人驾驶比赛——无人车的实现毕竟是建立在已有的精确的街景地图之上的。如今，高精度地图已经成为无人车的标准配置了。

人机跳棋大赛

2007年7月，《科学》杂志上刊登了一篇名为《永不结束的棋局》的论文，它的作者乔纳森·谢弗（Jonathan Schaeffer）从纯数学的角度提出了一套“完美”的跳棋程序，他说谁都不可能打败这个跳棋程序，即便有人类棋手同样“完美”，也只意味着和棋。谢弗为什么会对这个问题感兴趣呢？还要从故事的源头说起。

1994年8月，美国波士顿举行了一场人机跳棋大赛，由当时世界上最好的西洋跳棋棋手——67岁的数学教授马里昂·廷斯利（Marion Tinsley），和当时顶级的人工智能跳棋程序对决。在廷斯利45年的职业棋手生涯里，他只输过7盘棋，却从未输过一场比赛。在这40多年里，但凡他参加世界冠军赛，从未让冠军旁落他人。他恐怕是人类有史以来顶级的西洋跳棋棋手了。在这次人机对决中，双方下了6局棋，而且均以和棋告终。然而就在第六局结束后不久，廷斯利因腹痛被送往医院，7个月后，他因胰腺癌病逝，留下了一场永远无法结束的终极对决。

故事原本写到这里就可以结束了，按照规则，廷斯利属于弃权，国际棋联宣布人工智能跳棋程序获胜。然而坐在他对面的人，这个人工智能跳棋程序的创造者谢弗却无法接受这个结局。历经13年的埋头研究，谢弗改进了人工智能程序，并于2007年发表了那篇名为《永不结束的棋局》的论文，其中这样写道:“廷斯利只不过是近乎完美，逻辑才是真正完美。”他认为，倘若让比赛继续下去，廷斯利势必会因犯下某个致命错误而输掉比赛。这恐怕也是战胜廷斯利唯一的办法了。

超级计算机“沃森”

2010年，IBM推出了一款以创始人托马斯·约翰·沃森（Thomas John Watson）的名字命名的超级计算机“沃森”，目的是打造出一个能与人类回答问题能力匹配的计算系统。沃森于同年2月14日登上美国著名老牌智力游戏节目《危险边缘》，挑战人类智力，如图5-18所示。那么，沃森究竟是一台怎样的机器呢？

图5-18 参加人类智力挑战赛的机器人

沃森是一个计算机系统，它的大脑由90台IBM服务器构成。每台服务器有4个八核芯片，一共有2880个处理器内核。必须要说明的是，沃森没有连接到互联网，因此不会通过搜索网络作答，而是仅靠存储的约2亿页新闻、图书等资料作答。每当读完问题的提示后，沃森就采用上百种算法对自己的数据库“掘地三尺”，并在不到3秒的时间内找到答案。例如，针对提问“在哥伦比亚广播公司《60分钟》节目首次播出时，当时的美国总统是谁？”，沃森首先要理解“首次播出”是什么意思，以及知晓与“首次播出”相关的日期。其次，它必须要弄清楚具体的《60分钟》节目首次播出的日期，然后才能搜索到当时的美国总统是谁。简言之，它需要两个不同的搜索模块：一个是搜索日期，另一个是搜索总统。如果它得到几个可能的答案，还必须计算出哪一个最符合题目要求。其实，对于沃森来说，参与智力竞赛节目最困难的地方在于理解人类的语言，尤其是在充满暗示和恶作剧的游戏里，沃森需要识别人类语言中微妙的含义，分辨讽刺口吻、谜语、断句、诗篇线索等，然后才对题目进行分解，快速搜索自己的内存资料，最终找到最佳答案。为备战这次《危险边缘》智力游戏，沃森的幕后团队对它进行了上百次练习。

第一个太空机器人

2011年2月，NASA向国际空间站发射了一个名叫Robonaut 2的太空机器人，它是同系列机器人的第二代。Robonaut 2不是太空中唯一的机器人，却是第一个去地球以外执行任务的先进的人形机器人。

同年8月，Robonaut 2首次投入使用。在国际空间站上，Robonaut 2与宇航员并肩作战。它的主要任务是执行国际空间站中危险性高和重复性高的太空作业（比如开关按动和清洁扶手等），以便让宇航员有时间从事其他太空研究工作。每隔一个月左右，宇航员就会安排Robonaut 2去空间站执行几小时的任务。人们希望Robonaut 2最终可以从一个实验项目转变成人类航天器的有用帮手。

同人类宇航员一样，机器宇航员Robonaut 2也有自己的推特账号（类似于微博账号），还曾在“朋友圈”发布动态——“快看看我，我在太空里呢！”，如图5-19所示。

图5-19　机器宇航员在“朋友圈”发布动态

第一代“Siri”

2011年10月，苹果手机iPhone 4S里嵌入了一款人工智能语音助理软件，叫作“Siri”。Siri 使用神经网络等机器学习技术来开发语音识别引擎，并进行自然语言处理，因此可以“听懂”人类的语言，并能与人类正常对话。Siri还可以提供各种服务，比如帮我们读短信、推荐当地餐馆、提供步行或者驾车路线、提供天气预报、设置手机闹铃等。

Siri谈及的内容涉及各个方面，很多人以为它的语音完全由计算机自动合成。但其

实它的声音来自人类。第一代Siri采用了串联合成技术来生成语音，也就是说，先由人类进行大量配音，然后将配音剪切成不同的单元，再重新拼起来，去组成没有配音的句子。2005年前后，分别来自美国、英国和澳大利亚的几位配音演员录制了各自的声音，但是没有人知道他们其实是在给第一代Siri配音。他们每天都要花好几小时进行配音工作，但读的内容常常上下文驴唇不对马嘴。这让他们完全不明白自己的配音到底有什么用。直到Siri推出后，一切才真相大白。现在，在人工配音的基础上，苹果公司还使用了神经网络语音合成技术，让Siri的声音听起来更自然、更人性化。

2014年，苹果公司在设备上安装了一个非常小的语音识别装置。它会始终保持运行，只要用户说出“嘿，Siri!”，就可以和Siri说话了，而不用像之前那样手动打开对话界面。2015年，苹果公司还利用深度学习技术为Siri开发了声纹识别功能，保证只有真正的手机主人才能“唤醒”Siri。

Siri还有很多功能，大多数利用了人工智能技术。它最开始是从SRI国际人工智能中心的一个项目衍生而来，也并不专用于苹果平台，不过很快就被苹果公司收购，成了苹果专属的智能助理。

AlphaGo

2016年3月，AlphaGo以4 ：1的傲人成绩击败了围棋世界冠军李世石。自此，其背后的研发团队DeepMind也开始进入大众视野。DeepMind是一家位于英国的人工智能公司，成立于2010年，受到了脸书、谷歌等“科技巨头”的青睐。最后，谷歌于2014年1月斥巨资成功将其收入麾下。AlphaGo超越了人类棋手，这让我们不由得发问，到底是什么让AlphaGo如此不同，能够打败其他围棋AI，甚至打败人类登顶围棋世界巅峰？其实，很早以前，人工智能专家们就发现了一个很有趣的现象，对人来说很困难、很烦琐的事情，比如重复度高的动作、复杂的计算和推理，对计算机来说却是相对容易的；而对人来说很容易的事情，比如识人、走路、开车、打球，对计算机来说却非常困难，如图5-20所示。

图5-20　计算机难以识别的问题

计算机不能应付复杂的环境，只能在相对完美的环境下工作，需要精确的、不连续的输入；人对环境的适应能力很强，擅长处理模糊的、连续的、不完美的数据。由此可见，棋类活动正好符合计算机的特点，因为它总是处于一种隔离的、完美的环境之中，具有离散的、精确的、有限的输入。棋盘上就那么几百个点，不是随便把棋子放在哪里都可以的。双方棋手一人走一步，轮流落子，不能乱来。整个棋盘的信息是完全可见的，没有隐藏和缺损的信息。棋局的下法虽然有很多，却非常规矩，有规律可循。这对机器来说是非常有利的情况，因为计算机可以有计划、有步骤，按部就班地把各种可能出现的情况算出来，一直算到许多步以后，从中选择最有优势的走法。所以归根结底，下棋就是一个搜索问题。那么围棋到底有多少种下法呢？一般来说，一盘围棋平均会下150步，每步平均有250种下法，所以共有大概250^{150}种，算出来大概是1后面跟了360个0。这是不是太多了？！所以，必须尽早排除不太可能取胜的情况，免得浪费计算时间。AlphaGo是用深度强化学习技术来解决这个问题的。

谷歌无人驾驶汽车

2016年12月，谷歌宣布将自动驾驶汽车业务从其谷歌X实验室拆分出去，成立了独立公司Waymo。Waymo的自动驾驶车队在公共道路上进行测试，这些车用照相机、雷达感应器和激光测距机来“看”交通状况，并且使用高精度地图导航。谷歌相信这些无人驾驶车辆比有人驾驶的车更安全，因为它们能更迅速、更有效地应对紧急情况。

当然，在早期所有的测试中，都有安全员坐在驾驶座上，以保证必要时可以随时控制车辆。2018年，谷歌在美国亚利桑那州的测试中首次在部分车辆中不设置安全员，乘客开始真正乘坐完全无人驾驶的汽车。为了安全起见，中间座位顶部预留了急停和通信按钮，让乘客自己充当安全员。虽然只有小部分人体验到了这项服务，但还是足以让人感受到无人驾驶汽车时代越来越近了。

2018年年底，Waymo正式在美国推出付费无人出租车服务——Waymo One，自动驾驶汽车商业化进程由此再添里程碑事件。从那以后，Waymo开始盈利，它的运营方式与我国的滴滴打车类似——用户通过App线上打车，车辆内部仍配有安全员。当时，Waymo One还只是针对小部分群体开放，只为早期参与研发项目的上百个人提供服务，并且只在规定的几个城市郊区运营。

机器人明星索菲亚

索菲亚（Sophia）是由中国香港的汉森机器人技术公司开发的一款类人机器人。科学家希望索菲亚能够主动学习和适应人类的行为、与人类一起工作，并且具备接受采访的能力。

比起 AlphaGo、沃森这些实力派人工智能机器人，索菲亚走的应该算是偶像派路线。“她”的外形是按照国际明星的样子设计的。“她”的皮肤使用了一种新型仿生材料，类似一种弹性橡胶，可以模仿人的面部皮肤和肌肉纤维，所以看起来非常逼真。

索菲亚有一个突出的优点，那就是可以模仿人类的表情和手势。“她”有多种生动的表情，而且可以通过内置摄像头，借助计算机视觉技术，观察、识别身边人的动作和表情，并用相应的表情回应。当对方笑时，“她”也会笑；当对方哭泣时，“她”也会露出悲伤的表情。仿生材料的皮肤在受到挤压后，还能产生自然的皱纹，这让“她”的表情几乎可以以假乱真。

不过，索菲亚之所以走红，主要与“她”时不时抛出的一些惊人的言论有关。比如有一次，当被问到“你的梦想是什么”时，索菲亚说:“我想要变得比人类还要聪明！”，如图5-21所示。这些回答让索菲亚看似有了很高的智能，甚至有了意识，但是实际上，这都是研发团队提前设计好的。

汉森机器人技术公司正在想办法教会索菲亚更多的社交技能，他们希望索菲亚最终能成为伴侣型机器人，用来照顾老人、儿童、病人或是为企业在大型活动和日常的商业中提供引导服务。

图5-21　索菲亚成为沙特阿拉伯公民

升级版AlphaGo Zero

2017年12月，DeepMind团队推出了新一代人工智能系统——AlphaGo Zero。AlphaGo Zero可以从零开始自学国际象棋、日本象棋和中国围棋等复杂游戏，如图5-22所示，从游戏“小白”成长为能够击败世界冠军的超人水平，最多只需要24小时，比它的前辈、打败围棋世界冠军的AlphaGo还要厉害。游戏一开始，AlphaGo Zero除了掌握每种游戏的规则，没有掌握其他任何知识。不仅如此，DeepMind团队还强调AlphaGo Zero的这套算法可以在许多具有挑战性的领域中实现“超人性能”。AlphaGo Zero的各项研究工作于2018年顺利完成，与之相关的文章发表于美国《科学》杂志上，成为当时的头版文章。

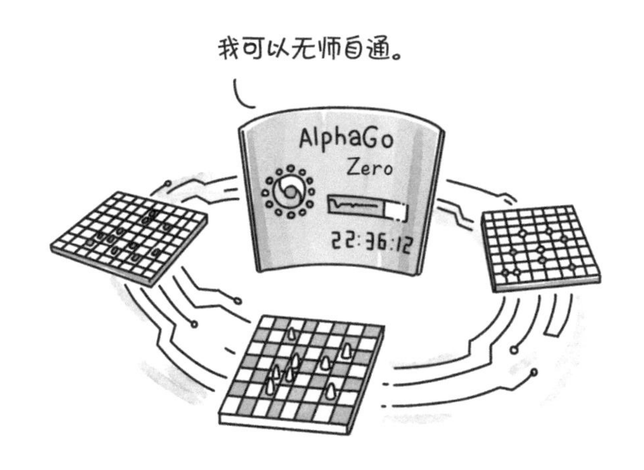

图5-22　新一代人工智能系统AlphaGo Zero

科大讯飞在自然语言处理领域的探索

比尔·盖茨（Bill Gates）曾说："自然语言处理是人工智能皇冠上的明珠，如果我们能够推动自然语言处理技术的发展，就可以再造一个微软。"一旦在这方面有所突破，就意味着人工智能技术水平的大幅度提升，并可促进人工智能技术在很多重要场景中的应用。相比英文来说，中文对自然语言识别技术的要求更高，处理起来也更难。

2018年，科大讯飞的机器翻译系统在全国翻译专业资格（水平）考试中，达到英语二级（口译）水平。2019年，科大讯飞在一年一度的科大讯飞全球1024开发者节上展示了多项新技术，包括语音识别、语音合成以及它一直最擅长的机器翻译。目前，科大讯飞在通用语音识别任务上的准确率已高达98%。在混合语音识别场景下，科大讯飞已实现了普通话、英语、粤语等多种语言或方言的混合输入技术。此外，科大讯飞还将为北京2022年冬奥会和冬残奥会提供自动语音转换与翻译技术产品，如图5-23所示。

图5-23 科大讯飞为北京2022年冬奥会提供服务